生土和秸秆建筑的研究与创作

- Sustainable Design with Earth and Straw -

刘崇　著

中国建筑工业出版社

图书在版编目（CIP）数据

生土和秸秆建筑的研究与创作 / 刘崇著. —北京：中国建筑工业出版社，2019.12（2022.3重印）

ISBN 978-7-112-24538-3

Ⅰ. ①生… Ⅱ. ①刘… Ⅲ. ①秸秆—作用—土结构—建筑—研究 Ⅳ. ①TU361

中国版本图书馆CIP数据核字（2019）第286241号

责任编辑：徐 冉 何 楠
责任校对：焦 乐

生土和秸秆建筑的研究与创作

刘崇 著

*

中国建筑工业出版社出版、发行（北京海淀三里河路9号）
各地新华书店、建筑书店经销
北京鸿文瀚海文化传媒有限公司制版
北京建筑工业印刷厂印刷

*

开本：880×1230毫米 1/32 印张：3¾ 字数：84千字
2020年6月第一版 2022年3月第二次印刷
定价：**29.00**元（含增值服务）
ISBN 978-7-112-24538-3
（35198）

序

建筑科学更多体现在对资源的有效利用上，由此带来的科学设计是重要的方向。这种看上去朴素的思想，体现了“少费而多用”的观念，这不仅可以满足人类长远的发展需求，也是我们今天面临的共同命题。

本书为人们展示了向历史上“没有建筑师的建筑”学习的想法，给我们以启示。这种使用泥土和稻草做的适宜设计，既能冬暖夏凉、满足房屋的舒适性，又产生家一样的亲切感，这就应该是科学设计的体现。当前在国家严格执行节能标准的情况下，这样的尝试自然是一种有效的方向。在降低建筑对生态环境压力的同时，也体现着“少费而多用”的原则。

刘崇是我的研究生，在天作建筑期间开始对环境与技术领域产生兴趣。他在德国魏玛包豪斯大学获得博士学位，我作为联合导师参加了他在德国的正式答辩。他在青岛理工大学工作期间一直与德国高校保持着联系，并有着学术研究上的合作。本书就是他与他的团队阶段性研究成果的总结。希望这样的研究能进一步深入下去，并在实践中有更多的探索和应用，这将是有益的贡献。

张伶伶　教授、博导
中国建筑学会副秘书长
沈阳建筑大学建筑与规划学院院长
哈尔滨工业大学建筑学院原院长
2019 年 1 月

致　谢

感谢导师张伶伶教授多年来给予的支持和鼓励。感谢青岛理工大学王亚军书记、于德湖副校长、王在泉副校长、郝赤彪教授、徐飞鹏教授、王润生教授、钱城教授和赵琳教授对研究工作的帮助，感谢建筑师王欣、刘金、国外同行 Johann-Peter Scheck 教授、Werner Bäuerle 教授和岩冈龙夫教授的协力支持。

感谢工作室毕业生董彬彬、李坤宁、王梦滢、张睿、谭令舸和在校研究生张苏东对理论研究和创作实践的贡献。感谢昝池、刘艳艳和丁琪的编辑和校对工作。特别感谢中国建筑工业出版社徐冉女士和何楠女士对本书内容组织和文字编审工作的辛勤付出。

感谢国家自然科学基金面上项目（51178228）、山东省住房和城乡建设厅科研项目（2156102）、青岛市建委科研项目（JK2011-11）与青岛理工大学名校建设工程专业建设与教学改革子项目（MX4-079）的资助。

感谢亲爱的家人。

刘崇

青岛理工大学建筑与城乡规划学院教授

德国魏玛包豪斯大学博士（Dr.-Ing）

2019 年 11 月

目　录

生土营造

秸秆再生

教学实录

生土营造

“蚁巢原理”和新疆戈壁滩的生土小筑

刘崇，闫健，潘禹皓，张浩然，昝池

引子：建好“小厕所”，体现“大文明”

习近平总书记曾经多次就“厕所革命”作出重要指示，强调抓“厕所革命”是提升旅游业品质的务实之举，指出“厕所问题不是小事情，是城乡文明建设的重要方面”。

新疆塔什库尔干塔吉克自治县（简称塔县）平均海拔3500m，作为有“高原明珠”美誉的旅游景区，受温差大、风力强和水源不足等自然条件的制约，“如厕难”是长期困扰当地旅游发展的难题（图1）。2018年春季学期，笔者和青岛理工大学闫健、潘禹皓和张浩然等同

图1　项目选址：塔什库尔干的红其拉甫口岸和卡拉苏口岸

学共同进行了以“塔县生态厕所”为题的建筑设计。

1. 塔县调研：形式追随着气候

在塔县所在的广袤戈壁、沙漠和山地区域，地表在白天太阳照射下升温极快，夜间气温又迅速下降，夏季炎热、冬季酷寒，温度的变化引起空气流动，春夏和秋冬之间经常形成沙雾和沙尘暴。当地流传着这样的谚语：“无风满地沙，有风不见家。小风吹来填坎井，大风过后埋掉房。背着儿孙去逃荒，饿死戈壁喂鸦”。

如何在高海拔戈壁地区特殊的自然气候条件下使建筑尽可能舒适？如何使建筑在沙暴来临之时成为保护人们生命安全的庇护所？这是设计的出发点。

研究当地传统村落（图 2）发现，我们发现：

图 2　新疆的生土民居建筑

（1）当地居民充分利用仅有的少量树木和大量黄土来营建住房。挖自大地的天然黄土，在他们的手中成为使用寿命可达百年的土坯墙、夯土墙、拱顶和穹隆。由于气候干旱少雨，冬天也极少降雪，民居绝大部分的屋顶采用草泥材质的平屋顶，无需覆盖瓦片和使用排水的斜坡。

（2）当地昼夜温差大，平均日较差 15℃左右，最大日较差 25℃，寒冷的冬季和酷热的夏季时间长、风沙日较多。因此，民居常很少开窗甚至面向院外的墙上不开窗，利用相对封闭的方式和生土墙体的保温蓄热性能让建筑冬暖夏凉。

2. 设计策略：向白蚁巢穴学习

除了当地的民居，沙漠和戈壁地带的动物栖息地会给我们什么启示呢？非洲和澳大利亚白蚁让巢穴既保持温度舒适又使空气新鲜的机理令我们着迷（图 3）。

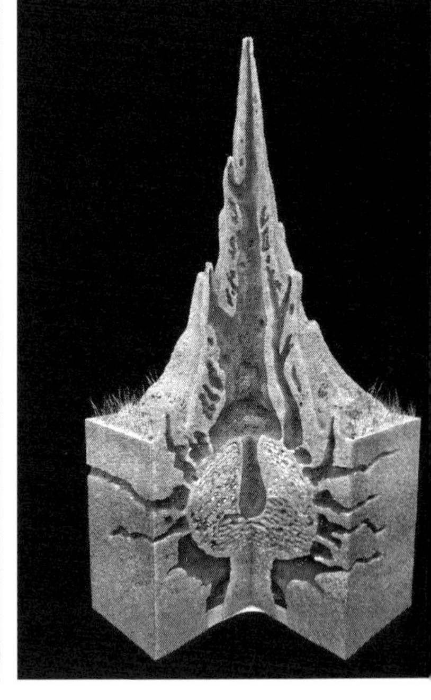

图 3　非洲白蚁巢穴的外观和内部结构

非洲和澳大利亚白蚁巢穴直立于地表、如同卡斯特丘陵般的巢穴高度可达 7m，直径可达 28m。在严酷的生存条件下，这种巢穴可容纳几百万只白蚁，有些甚至可屹立千年，它的“建造密码”是什么，我们又如何学以致用呢?

第一，白蚁唾液和粪便黏合的泥土和嚼碎的植物纤维是蚁巢的“建筑材料”，它可塑性强，干燥后极为稳固和坚硬。一些特殊的环境，白蚁还会将蚁巢的外壳做成致密的防水层，防止地下水或巢上部的雨水侵入蚁巢里。坚固的蚁巢不仅抵御恶劣气候，更抵御捕食动物的利爪。可以说它是动物界的“客家土楼”。

基于此，我们利用当地易于获得的生土材料，继承并改进传统生土建筑工艺，赋予建筑耐久性和地方性，并降低建造成本（图 4）。

图 4　新疆塔什库尔干卡拉苏口岸夯土小筑透视图

第二，蚁巢厚重的外壳是应对自然环境温度变化的“缓冲调节器”，它吸收并保存太阳能，储能后缓慢辐射出热量，高效地控制着洞穴内部温度的波动。

基于此，我们采用厚重的夯筑墙作为蓄热体，仅在顶部和墙体上开设小窗采光，让建筑适应沙漠地区昼夜和冬夏季温差，保持室内气温的舒适性（图 5）。

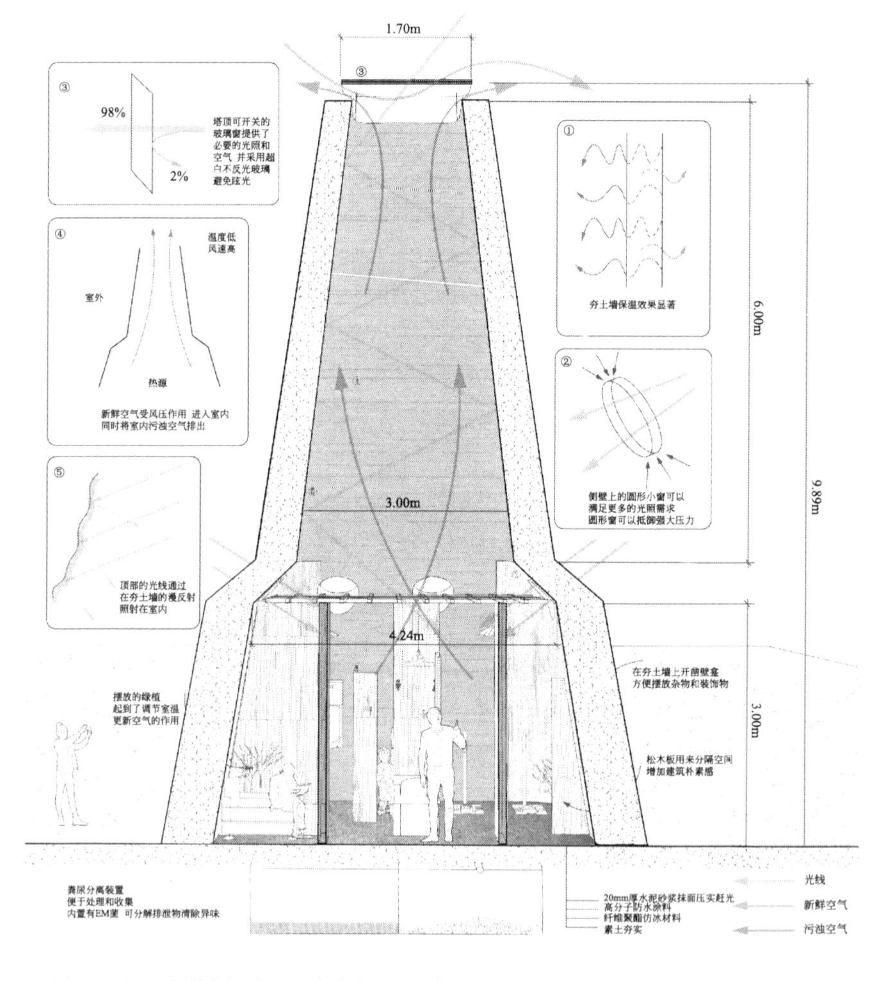

图 5 夯土小筑剖透视和采光与通风分析（笔者和学生闫健、潘禹皓和张浩然合作设计，昝池改绘）

第三，整个“建筑”通过贯通地下和顶部的“主气管”、迷宫般的“支气管”和密集的“空气孔”促进或阻滞对流通风和散热。

（1）气候炎热时，巢内热空气因“烟囱效应”而上升、由顶部排出巢外，白蚁把地表的空气孔扩大，由此补充进来的热空气经与土层的热交换得以降温，从而保证巢内的空气新鲜而凉爽。

（2）在寒冷季节，白蚁将空气孔缩小以控制进气量，巢内真菌和白蚁活动产生的二氧化碳浓度增加，既有的热量得以保持，巢内维持适宜的温度。

基于此，我们将通高的空腔作为“主气管”，设置圆形的倾斜小窗作为“空气孔”，根据外部气候条件灵活控制室内的通风和散热。

3. 前景展望：以生土建造西部戈壁的生存保障网络

设计结束了，但是对如何改善西部基础设施的思考还在继续。我国新疆、西藏、青海和宁夏等地区不仅风光秀美、气象万千，民风民俗和文化遗存多姿多彩，还蕴含着富饶的矿产资源。然而气候条件恶劣、交通不便造成很多地方人迹罕至、没有基本的生存保障，是西部旅游业和物产资源开发的掣肘。为此，我们倡议以“装配式生土建筑”的方式，建立起西部戈壁地区的生存保障网络。

在空间上，“装配式庇护所”基于蚁巢原理，以上述设计为原型，底部为起居室和工作间，上部为固定在夯土墙壁上的多层床铺。

在材料上，使用国际上成熟的装配式生土模块技术，在工厂预制完成基座和塔顶部分。现场浇筑混凝土基础后，由卡车或直升机将生土基座和塔顶运至现场，吊装完成。

在规划上，“装配式庇护所”可以以人步行一天的距离为正交网格，设置在广袤的沙漠和戈壁上，可通过卫星和手机定位、便于查找。

在使用上，由周边区域居民定期补充给养，作为发展当地经济的措施。当风暴来临、沙丘覆盖“装配式庇护所”底部时，遇险者可通过室外爬梯到达顶部，按操作规程打开通风口，进入庇护所的内部。

这个网络旨在像“针灸”一样疏通西部的“血脉”，让本地百姓、科考队员和远足的旅客都能在此躲避风沙和严寒酷热、得到休整和补给，让更多的人来到西部、感受西部，参与到开发西部的事业中来。

“水岸山居”热环境和节能性的研究

刘崇，张苏东

引子：从可持续视角看夯土建筑

在全社会关注可持续发展的背景下，现代夯土建筑能否满足人们对舒适性的要求？它在节能与环保方面又是否更为优越？笔者以普利茨克奖获得者王澍的作品——杭州中国美院的“水岸山居”招待所为例（图 1），分别对以夯土和以加气混凝土为围护结构的两种工况的建筑热稳定性、得热失热、室内舒适性和能耗进行模拟和分析。

1. “水岸山居”项目概况

建筑所处的浙江省杭州市，按照我国建筑热工气候区划属于夏热冬冷地区。杭州市夏季气候炎热湿润，冬季寒冷干燥，全年平均气温为 17.8℃，平均相对湿度为 70.3%。坐落于中国美院象山校区的“水岸山居”基地南侧临近小河，北面是植物繁茂的象山，基地面积 7500m^2、建筑面积 6200m^2。该建筑是我国近年来建设规模最大的现代夯土建筑之一，它由七个相互独立的低层结构单元组成，承重体系为现浇钢筋混凝土框架，围护结构为现代夯土墙体，墙体原料主要是采自基地的黄土、碎石与沙土。

我们以“水岸山居”的一个单元（图 2、图 3）为例，

图 1　杭州中国美院的“水岸山居”招待所

对以现代夯土和以常规的加气混凝土为围护结构的两种工况进行热工性能和建筑节能的对比和量化分析。

2. 模拟工况设置

根据“水岸山居”的建筑方案，采用杭州市的标准气象数据，利用 Rhino 和 Grasshopper 平台建立建筑热工模型。运用插件 Ladybug 模拟建筑热环境，插件 Honeybee 做建筑能耗分析。

现代夯土和加气混凝土围护结构两种工况的传热系数（K 值）均为 $1.26W/m^2 \cdot K$，构造做法见表 1。除外墙构造外，为两种工况所建热工模型的参数设定均完全一致。建筑照明功率、电器设备功率、人均新风量、人均建筑面积的参数设置如表 2 所示。

图 2　所选单元实景

两种工况的围护结构的构造和传热系数　　表 1

	围护结构构造	厚度（mm）	*K* 值［W/（m^2·K）］
夯土墙体	600mm 夯土	600	1.26
加气混凝土墙体	25mm 水泥砂浆	130	1.26
	10mm EPS		
	70mm 加气混凝土		
	25mm 水泥砂浆		

模拟参数设置　　表 2

设备（W/m^2）	照明（W/m^2）	建筑面积（m^2/person）	新风量［m^3/（h·person）］
15	7.0	25	30

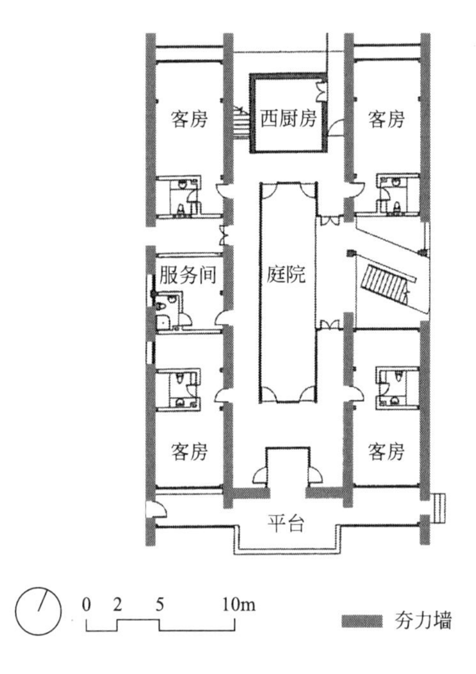

图 3　所选单元平面图

（图片来源：改绘自王澍，陆文宇 . 瓦山——中国美术学院象山校区专家接待中心［J］. 建筑学报，2014（01）：30–41.）

拟对两种工况进行模拟对比的热性能指标包括：

（1）围护结构得热失热

建筑室外的热环境通过建筑物的外围护结构影响着室内热环境。围护结构得热失热是指周期热作用下，围护结构传导的热量。围护结构得热失热能力是影响其热稳定性的主要因素。在寒冷季节，围护结构的设计应减缓室内的热量流向室外，并且尽量多地获取阳光辐射带来的热量；在炎热季节，围护结构的设计应减缓室外的热量传入室内，使室内气温保持凉爽。

（2）建筑热稳定性

建筑热稳定性指的是房间抵御温度波动的能力。建筑热稳定性差、房间温度变化幅度大，易引起室内人员的不适感。热稳定系数（TSC）表示结构对温度波动的抵抗能力：

$$TSC=\frac{T_{i,max}-T_{i,min}}{T_{0,max}-T_{0,min}}$$

式中，$T_{i,max}-T_{i,min}$ 和 $T_{0,max}-T_{0,min}$ 分别表示室内昼夜温差和室外昼夜温差。建筑围护结构对降低室外极端温度的作用与 TSC 值的大小成反比。结构对室外极端温度的降低效果越好，TSC 值越小。

（3）采暖和空调能耗

建筑能耗指标是衡量建筑围护结构热工性能优劣的重要参量，并且应以供暖和空调调节总耗电量作为能耗判断的依据。

全年供暖和空调总耗电量应按下式计算：

$$E=E_H+E_C$$

E——全年供暖和空调总耗电量（kWh/m^2）

E_C——全年空调耗电量（kWh/m^2）

E_H——全年供暖耗电量（kWh/m^2）

全年空调耗电量应按下式计算：

$$E_C=\frac{Q_C}{A\times SCOP_T}$$

Q_C——全年累计耗冷量（通过动态模拟软件计算得到）（kWh）

A——总建筑面积（m^2）

$SCOP_T$——供冷系统综合性能系数，取 2.50

夏热冬冷地区全年供暖耗电量应按下式计算：

$$E_H=\frac{Q_H}{A\eta_1 q_2 q_1}\varphi$$

Q_H——全年累计耗热量（通过动态模拟软件计算得到）（kWh）

η_1——热源为燃气锅炉的供暖系统综合效率，取 0.75

q_1——发电煤耗（kgce/kWh）取 0.360kgce/kWh

q_2——标准天然气热值，取 9.87kWh/m^2
φ——天然气与标煤折算系数，取 1.21kgce/m^2

3. 分析与讨论

（1）围护结构得热失热

工况 1 和工况 2 的对比计算结果如图 4 所示。得热量为正值，意味着房间得到热量；得热量为负值，意味着房间失去热量。

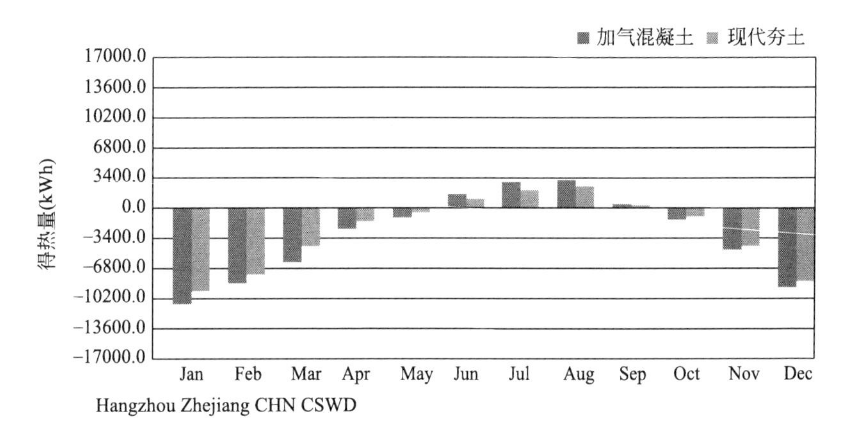

图 4　外墙逐月得热模拟计算比较图（扫增值服务码可看彩图）

由图 4 可以看出：从 6 月到 9 月，建筑外围护结构处于得热状态，工况 1 的得热量明显小于工况 2 的得热量。从 10 月到次年 5 月，建筑外围护结构处于失热状态，工况 1 的失热量明显小于工况 2 的失热量。这表明，工况 1 较工况 2 而言，在炎热季节能更有效地延缓热量的进入，在寒冷季节能更有效地延缓热量的流失，有助于使建筑冬暖夏凉、使室内的温度更为舒适。

（2）建筑热稳定性

在未使用采暖和空调设备的情况下，我们设定如下日期和天气情况进行房间温度的采样分析和对比（表 3）。

模拟计算的日期和天气条件设定　　表 3

季节	天气情况	日期
夏季	晴天	7 月 27 日 –7 月 30 日
	阴天	7 月 1 日 –7 月 4 日
冬季	晴天	1 月 6 日 –1 月 9 日
	阴天	2 月 3 日 –2 月 6 日

在冬夏两季的采样时段，现代夯土围护结构抵御室外昼夜温度变化的能力较强，室内温度变化的幅度较小，建筑热稳定性更好（图 5）。

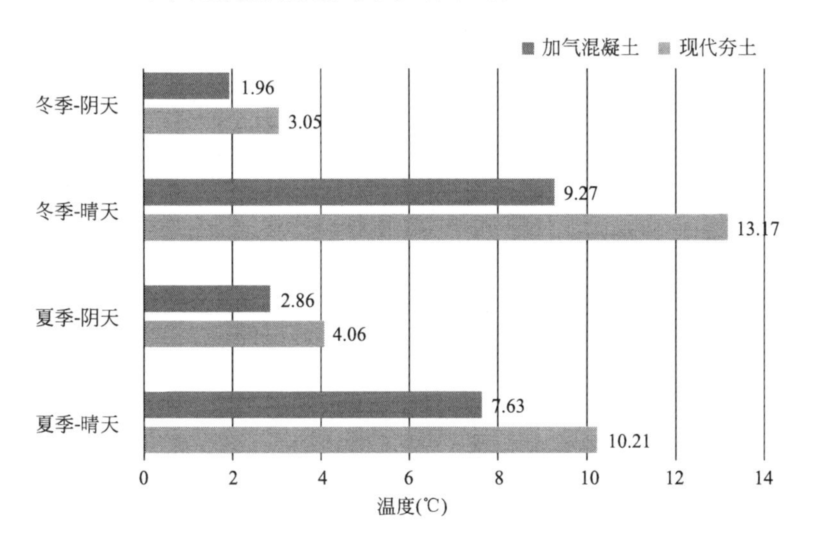

图 5　室内平均温差对比（扫增值服务码可看彩图）

（3）采暖和空调能耗

加气混凝土外墙和夯土墙两种工况相比较，前者在冬季逐月热负荷和夏季逐月冷负荷均低于后者，且前者建筑年总负荷比后者减少 11%，建筑节能效果显著（图 6）。

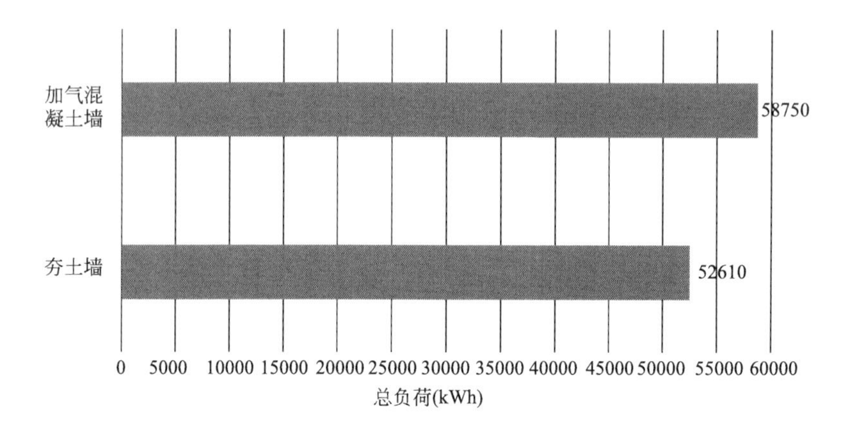

图 6　建筑单元全年采暖和空调能耗模拟

（扫增值服务码可看彩图）

4. 结语

本研究使用计算机虚拟仿真手段，对普利茨克奖获得者、我国建筑师王澍的夯土建筑作品“水岸山居”进行了分析。对选取建筑单元分别以现代夯土与加气混凝土作为外围护墙体材料，量化比较其室内热环境和能耗，可得出以下结论：

（1）在自然通风状态下，前者全年的平均昼夜温差较小，室内温度波动幅度较小，热稳定性较高，夏季更隔热，冬季更保温。

（2）在采暖和空调系统运行的情况下，前者全年的采暖和制冷总负荷较后者明显降低，而室内舒适度则更高。

研究表明，在夏热冬冷地区推广现代夯土建筑有助于提升建筑环境的综合效能、节能降耗和提升室内舒适度。

云南鲁甸传统夯土民居的节能与发展[①]

刘崇，张睿，谭良斌

摘　要：本文通过对鲁甸地区乡村传统夯土建筑与灾后重建的新建砖墙建筑的比较，从科学的角度解释夯土建筑的节能性，并对现有建筑提出改造意见，提高建筑的热工性能。首先对鲁甸地区海尾巴村现有建筑的现状进行调研分析，然后针对原有传统夯土围护结构建筑、新建砖墙围护结构建筑与建筑的窗地比进行节能计算，简析传统夯土建筑节能性，并提出对传统夯土建筑的改进手法与建议以及新型夯土技术研究与发展的必要性。

关键词：夯土建筑，砖混建筑，建筑热工，窗地比

前言

随着建筑新材料的不断出现，农村住宅的建设不再遵循原有建筑的历史传承，而过多地使用砖墙结构等新材料来替代传统的结构与材料，导致原有的传统建筑文化逐渐流失，这不仅增加了新材料的消耗与浪费，也改变了原有的村落面貌，这些都非常值得我们关注。

传统民居是当地居民在构建建筑时，充分考虑当地气候，采用合理并适应当地的建筑结构与材料所建造的

① 原载《世界建筑》2017 年第一期，本文有增补。

符合当地气候的居住空间。云南省昭通市鲁甸地区的传统民居以夯土墙作为围护与支撑结构，主要以黏土夯制而成，墙厚一般为500 ~ 700mm，屋顶采用10 ~ 20cm厚的茅草顶，保温性能好，充分适应当地的高寒气候条件。云南省昭通市鲁甸地区由于2014年8月3日的地震，大部分房屋倒塌，灾区人民自行进行灾后重建，新建房屋基本以砖墙为围护与承重结构，形象上与原有的村落面貌反差较大，导致村落的肌理受到严重破坏。

如何解决当地村民迫切的居住需求和建筑文化继承与发展的矛盾，是研究的出发点。

1. 海尾巴村村庄建筑现状

鲁甸地区大山包乡海尾巴村是一个自然村落，海拔3112m，为暖温带高原季风气候，冬季寒冷，夏季凉爽，年平均气温为6.2℃，1月平均气温 -1℃，居民冬季使用火炉取暖。

1）震前震后建筑数量对比

根据现场调研总结，鲁甸地震前村中共有建筑31栋，其中29栋为传统的夯土建筑，3栋为新型砖墙结构，传统夯土建筑占建筑总数的约90%。受地震影响，16栋夯土建筑完全损毁，其他传统建筑均轻微受损，震后的25座新建建筑均为砖墙建筑，占建筑总数的54%（图1、图2）。

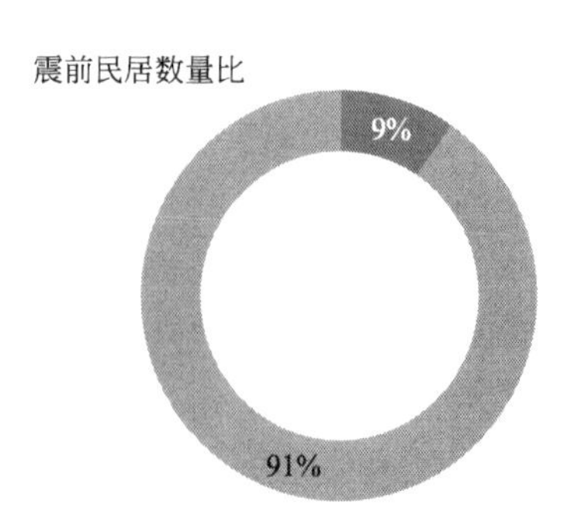

图1 震前民居数量对比

震后砖墙民居大面积出现，主要是因为砖墙民居价格便宜、施工速度快，且能满足灾后重建中当地居民的基本

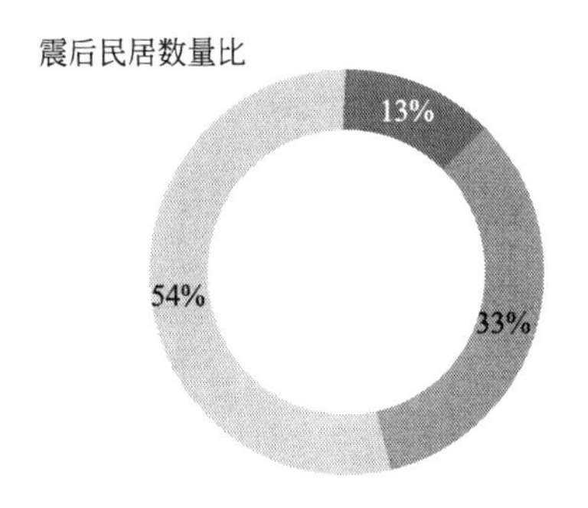

图 2　震后民居数量对比

生活所需。

从后期调研得知，居民住进砖墙民居后，普遍认为传统的夯土墙的民居冬暖夏凉，更适合居住[①]。

2）建筑现状

海尾巴村位于跳墩河的南岸，整体地势南高北低。为了适应地形，村民在建造房屋时大多采用适应地形的手法，朝向也比较自由（图 3），由于村庄常年风速较大

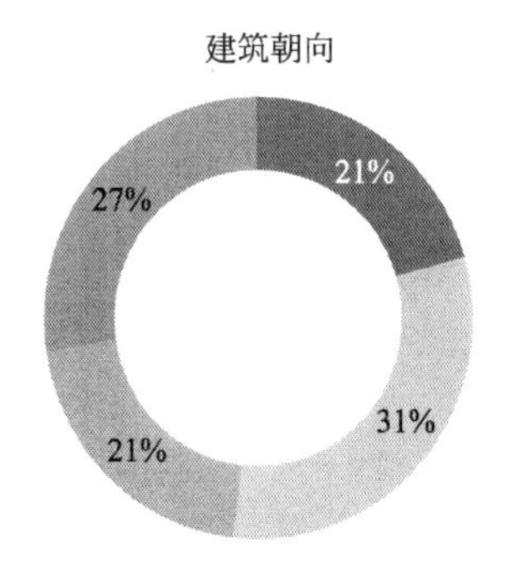

图 3　建筑朝向统计

① 2015 年 3 月以问答的形式对当地居民进行 25 份调查问卷。

（图 4），在北向的开窗都比较小，而南向地势比较高，南向开窗较小，震后重建的房屋也基本按照原有传统住宅的建造模式，但南向开窗面积要比传统住宅稍大。

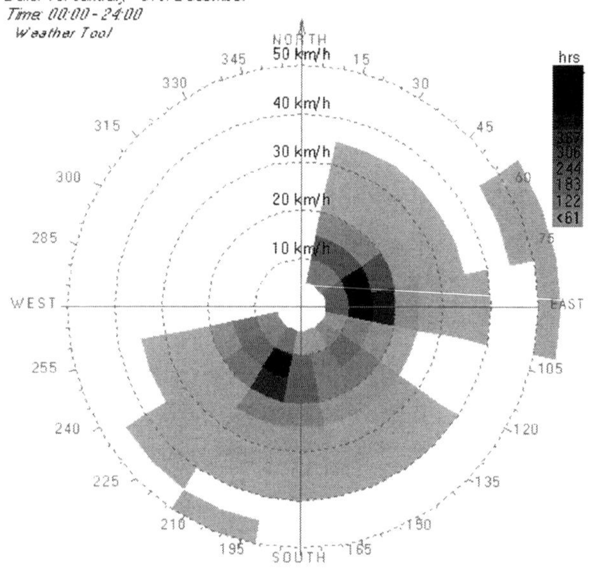

图 4　风向标

下面我们就从建筑热工性能角度出发，量化研究传统夯土建筑与新建砖墙建筑在节能方面的优劣。

2. 建筑节能分析

云南鲁甸地区以“明三暗五”的格局[1]为原型，夯土民居与新建民居在此基础上进行演变。新旧建筑的平面形式与空间组成基本相同，在计算时，选择较为相近的建筑进行比较，并采用控制变量的方法进行计算（表 1）。

建筑现状比较　　表 1

	建筑层数	建筑面积	建筑朝向	平面形状	主体结构	主立面窗墙比	窗体材料
7 号住宅	2 层	116 ㎡	坐西朝东	一字形	夯土结构	0.11	木材
34 号住宅	2 层	131 ㎡	坐南朝北	L 形	砖混结构	0.36	合金

以海尾巴村村中的 7 号住宅（调研编号）与 34 号住宅为例，进行对比分析。其中 7 号住宅为传统夯土民居，在震后保留了下来，其基本结构没有受到破坏（底层水泥为表面涂刷，为防止牲畜摩擦），能够正常使用（图 5）; 34 号住宅则为新建的砖墙民居，为了美观，在外墙粉刷了一层黏土，进而形成一种夯土建筑的风貌（图 6）。

图 5　传统夯土民居

图 6　新建砖混民居

夯土民居与砖墙民居均延续了传统的“明三暗五”的基本建筑布局，在此基础上进行改进，其平面形式如图 7、图 8 所示。鲁甸地区新建的民居基本都遵循了基本布局，新建民居加入了一些新功能，满足现有的生活需求。

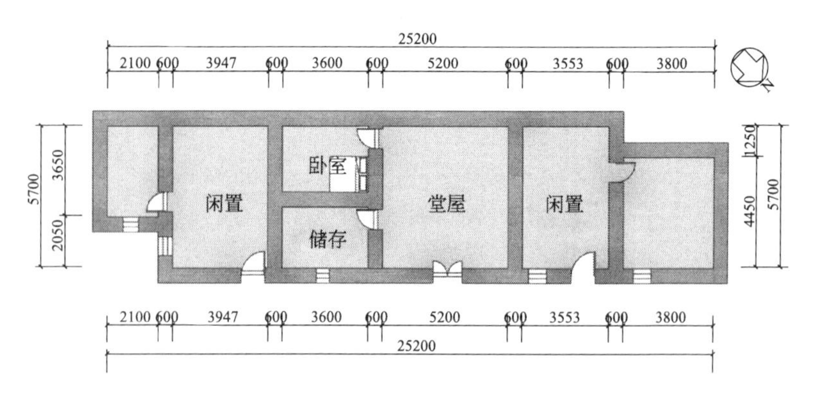

图 7　7 号夯土民居平面

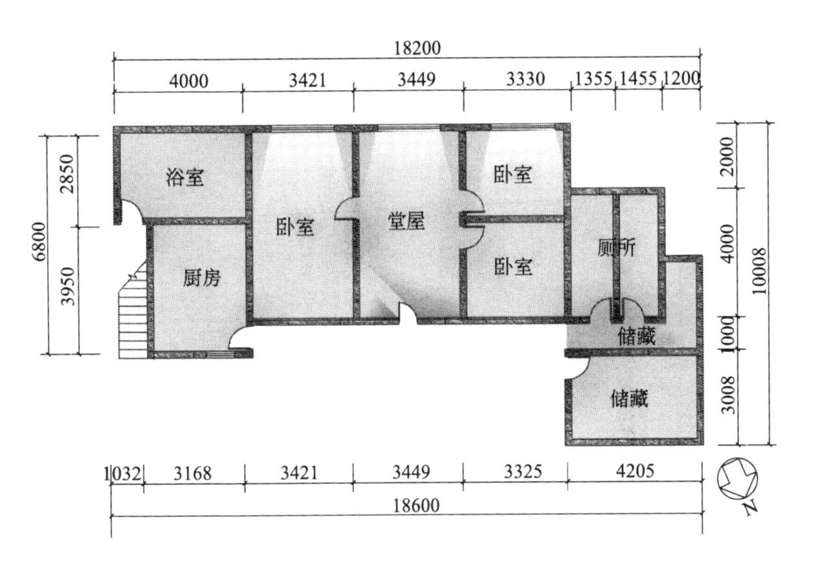

图 8　34 号砖混民居平面

1）建筑窗户热工性能计算

（1）窗户的传热系数计算

建筑的围护结构中窗户是建筑得热失热的关键所在，在鲁甸地区均采用单层玻璃，夯土民居采用的是木结构窗户，而砖墙结构采用的是普通铝合金窗户。实验采用的是控制变量法，计算时将不同材料的气密性视为一致，探讨材料保温性能[2]，以 7 号住宅与 34 号住宅为例：

单框窗的传热系数 K_w[3] 按下式计算：

$$K_w=(A_g\times K_g+A_f\times K_f+l_g\times \Psi_g)/(A_g+A_f)$$

计算可知：

木结构窗户 K_1=4.08W/（m^2·K）；

普通铝合金窗户 K_2=6.19W/（m^2·K）。

由上述计算可以看出夯土结构中的木结构窗户的传热系数小于普通铝合金窗户，即原有夯土建筑的窗户的保温性能较好，更有利于建筑的节能与保温。

（2）窗地比模拟计算

窗地比[2]是建筑热工设计中常用的一个指标，窗墙比的大小对建筑能耗和室内舒适度有着重要的影响，合适的窗墙比可以有效利用太阳能，增加室内采光。

海尾巴村传统民居由于地势限制，开窗面积比较小，传统夯土结构为 0.7m × 0.8m 的小木窗，室内阴暗，获得的太阳辐射热少，且室内的自然通风的效果较差。新建的砖墙结构的开窗尺寸为 1.4m × 0.75m，开窗面积较原有的夯土结构大，以 7 号住宅和 34 号住宅为例，经计算可知，夯土结构的窗地比为 0.08，砖墙结构的窗地比为 0.21，以太阳能加热的性能对其窗地比进行比较分析（图 9、图 10）。

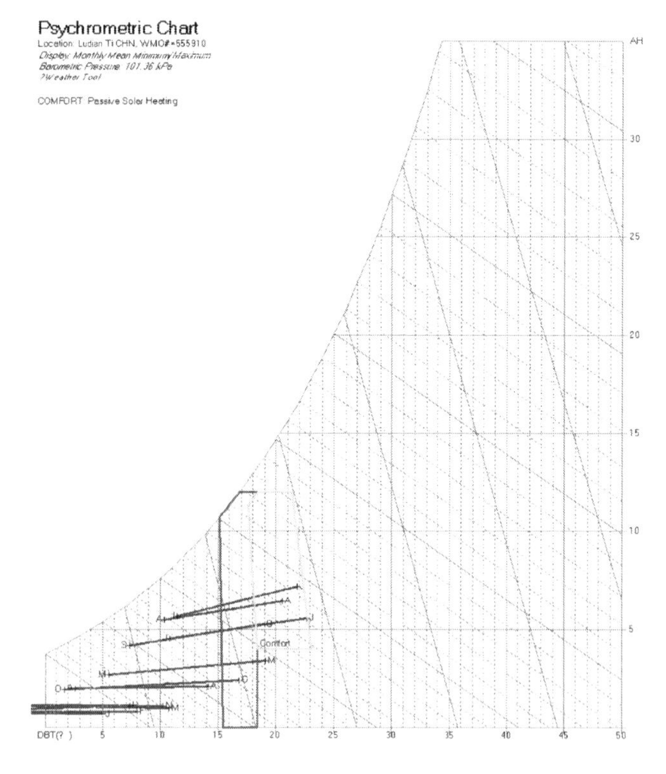

图 9　7 号房窗地比 0.08（扫增值服务码可看彩图）

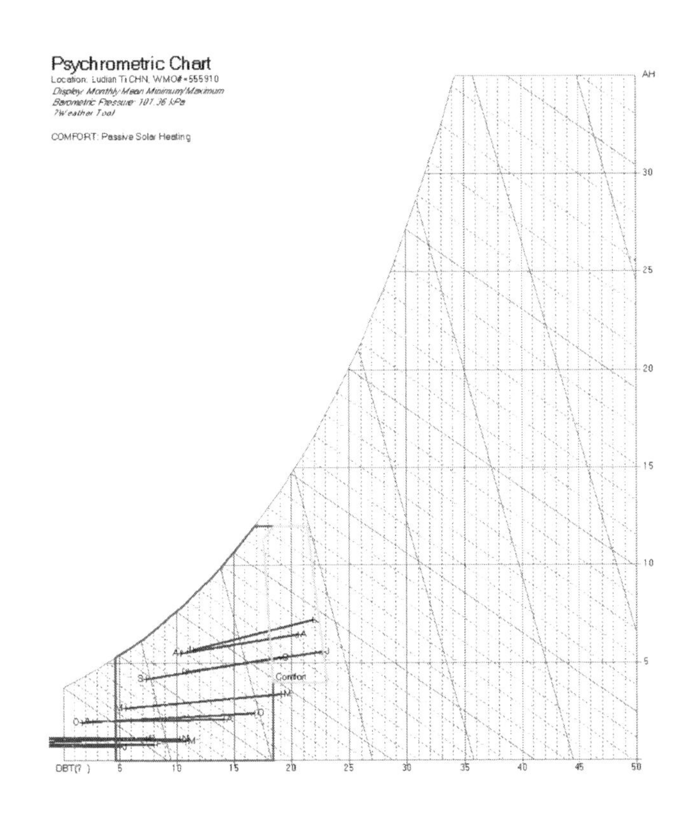

图 10　34 号房窗地比 0.21（扫增值服务码可看彩图）

从太阳能加热区域面积的变化情况比较可知，红色框区域表示太阳能加热量，开窗面积的增大有利于建筑对太阳能的利用，提高室内温度。夯土结构虽然有很好的保温效果，但较小的开窗面积也降低了对太阳能的利用。

（3）窗户热工性能总结

夯土结构中的木结构窗户的传热系数较小，有利于室内的保温，但由于开窗面积较小，减少了对太阳能的利用。砖墙结构中的普通铝合金窗户，虽然有较为合理的窗地比，但由于其材料本身的缺陷，对室内保温不利。可以使用木结构窗并扩大其开窗面积，既增加对太阳能的利用，又更好地减少室内热量的散失[1]。

2）建筑墙体热工性能计算与测量

（1）墙体的 K 值计算

经查表《民用建筑热工设计规范》[2]可知：

传热系数 $K=1/(1/\alpha_i+d/\lambda+1/\alpha_a)$[3]；

夯土墙的 $K_1=1.26$［W/（m^2·K）］；

新建砖墙的 $K_2=2.24$［W/（m^2·K）］；

将其进行比较可得：$K_1 < K_2$。

经上述计算可看出，夯土墙的传热系数要小于新建砖墙的传热系数，在海尾巴村这种高寒的气候下，传统材料中的夯土墙的保温效果更理想，而新建砖墙的保温性能远不及夯土墙的保温性能。

（2）墙体温度的测量

墙体作为建筑的主要围护结构，在传递热量的过程中对整个建筑起到了保温、隔热的作用[4]。墙体表面通常以对流、辐射与周围环境进行热交换，所得到的热量以热传导的方式传递至墙体内表面，墙体内表面又主要以对流的方式与室内空气进行热交换，墙体传热的整个过程中传递的热量主要与环境气候参数、空气对流系数等外因和墙体材料物性参数、墙体结构等内因有关。

①墙体温度第一次测量

本次实验测量工具为希玛便携式温湿度计（型号：AR847），测温范围 −10 ~ 50℃（温度测量误差 ±1℃），湿度范围 5% ~ 98%RH（适度测量误差：±3%（30% ~ 95%）、±5（10% ~ 30%）），温度解析度：0.1℃，湿度解析度：0.1%RH。

在环境气候参数、空气对流系数等外因保持一致的情况下，对传统夯土民居的墙体与新建砖墙民居的墙体进行测量，对 7 号住宅与 34 号住宅进行两次测试，测量点 A1、A2、B1、B2，如图 11、图 12 所示。

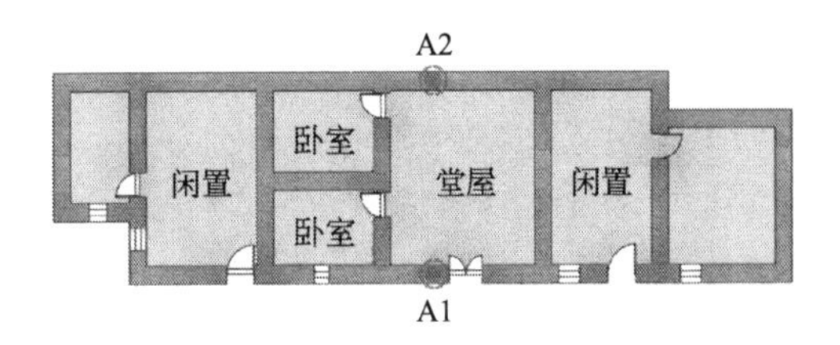

图 11　测试点位置图 A

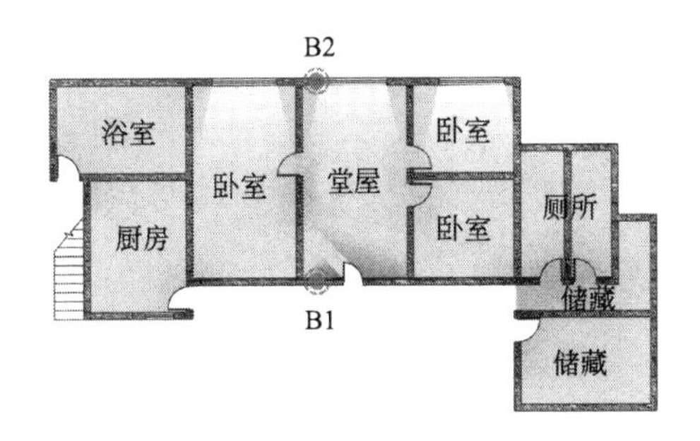

图 12　测试点位置图 B

第一次实验测量时间为 2016 年 10 月 31 日，鲁甸地区海尾巴村的当日温度为 3 ~ 16℃，日出时间为 7:16，测量开始时间为 8:00，日落时间为 18:22，测量结束时间为 20:00。测量期间天气变化，8:00 ~ 10:55 为阴天，10:55 ~ 16:20 为多云转晴，16:20 ~ 19:10 为阴天，19:10 ~ 20:00 为小雨。本次的测量民居在测量期间门窗均为关闭状态。

测量数据整理如图 13、图 14 所示：

由两个表格的温度变化趋势可以看出，总体的室内温度变化与室外变化趋势基本成正相关的，但两者相对比而言，夯土民居的室内温度变化趋势受室外温度变化的影响较小，在自然条件下 8:00 ~ 20:00 的 12 个小时中，在室外日温差 13.6℃时，夯土民居室内日温差为 6.5℃，能保持室内在一个稳定温度范围内；而砖墙民居的室内温度则受室外温度影响较大，室内温度的变化趋势与室

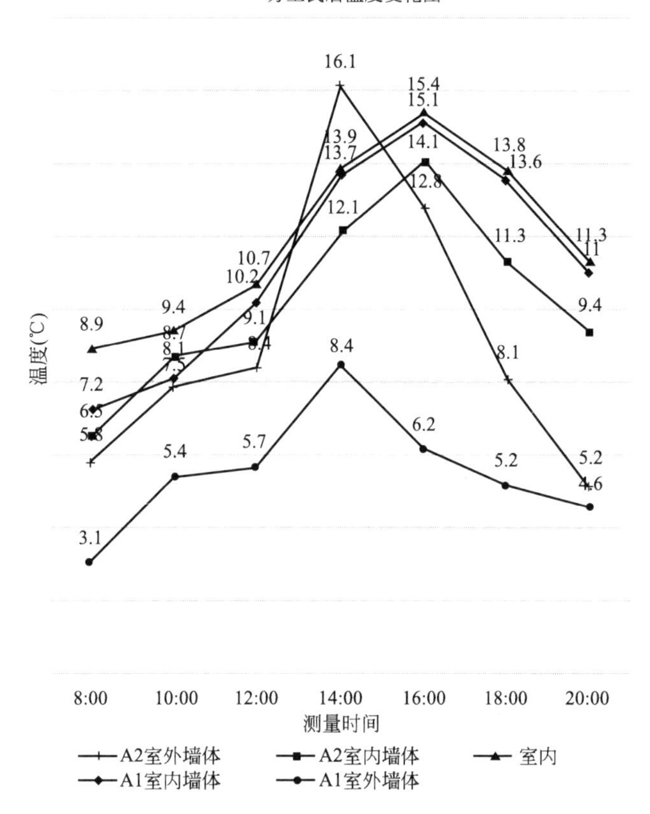

图 13　夯土民居温度变化图

外温度的变化趋势基本一致，在自然条件下 8:00 ~ 20:00 的 12 个小时中，在室外日温差 13.6℃时，砖墙民居室内日温差为 8.5℃。由于砖墙民居的开窗较大，接受的太阳辐射热较夯土民居多，室内温度提升快，由于外界温度的回落，当没有太阳辐射热进入时，室内温度下降的也比较快。

值得注意的是北侧墙体室内外温度的变化，由于没有太阳直射的影响，北侧室外温度较低，北侧墙体室内外温度变化能更好地体现墙体的保温性能。夯土民居北

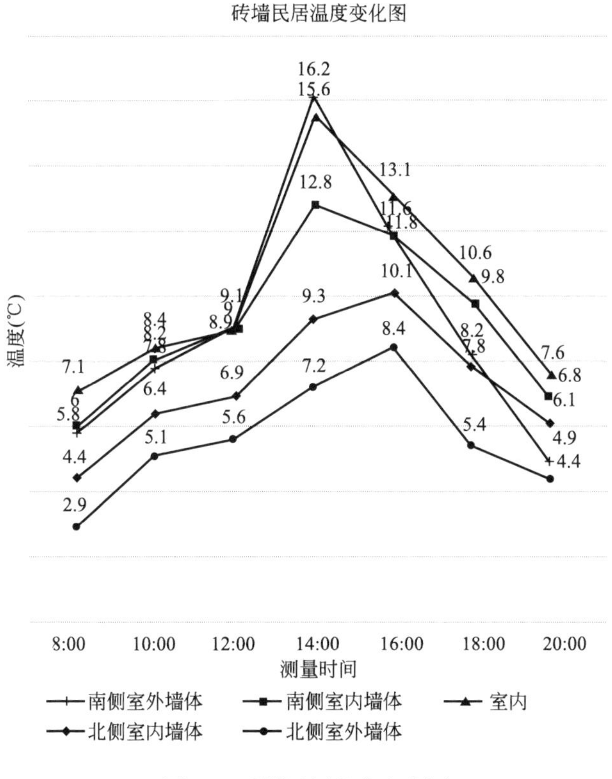

图 14　砖混民居温度变化图

侧墙体室内外墙体温度变化差异较大，在自然条件下8:00 ~ 20:00 的 12 个小时中，墙体两侧的温度差值在2.7 ~ 7.9℃之间，夯土墙体有效地保持了室内温度的稳定；而砖墙民居北侧墙体的室内外墙体温度变化在相同的自然条件下，墙体两侧的温度差值在1.3 ~ 2.4℃之间，所以砖墙的导热系数相对于夯土墙而言较大。

将室外温度与夯土民居室内温度、砖墙民居室内温度进行对比（如图 15 所示），可以明显地看出砖墙民居的温度变化与室外温度的变化趋势更为相近，而夯土民居虽然与室外温度呈正相关，但并没有完全受室外温度影响。

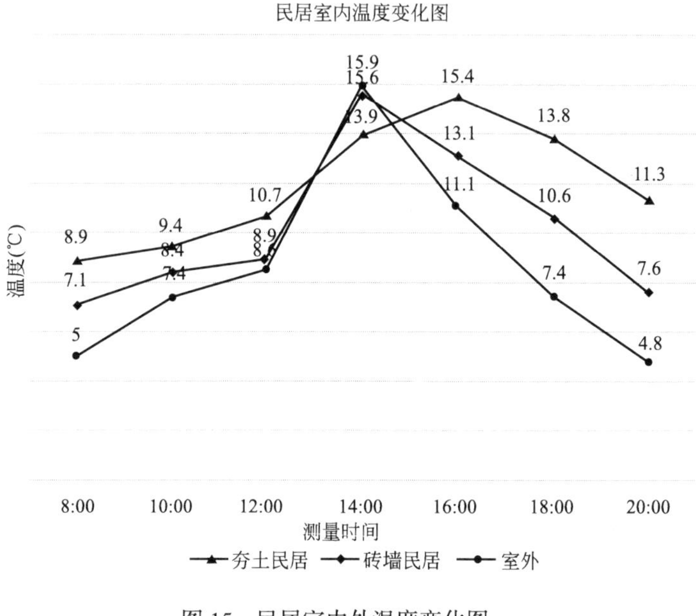

图 15　民居室内外温度变化图

②墙体温度第二次测量

进入冬季以后，居民开始在堂屋采用火炉进行取暖，白天的火炉仅用于做饭，晚上火炉用于取暖。为确保测量变量的一致性，在测量的 12 小时中，保证堂屋火炉的用煤量相同（用户的火炉是相同的，保证对室内产生的热量相同），在早上 8:00 以后火炉处于封闭状态，18:00 以后开始正常使用火炉。

第二次实验测量时间为 2016 年 11 月 31 日，鲁甸地区海尾巴村的当日温度为 –2 ~ 5℃，日出时间为 7:43，测量开始时间为 8:00，日落时间为 18:13，测量结束时间为 20:00。测量期间天气变化，8:00 ~ 9:55 为雨夹雪，9:55 ~ 20:00 为阴天。本次的测量民居在测量期间门窗均为关闭状态。测量数据整理如图 16 所示：

由表格的温度变化趋势可以看出，总体的室内温度总体呈下降趋势，但两者相对比而言，夯土民居的室内

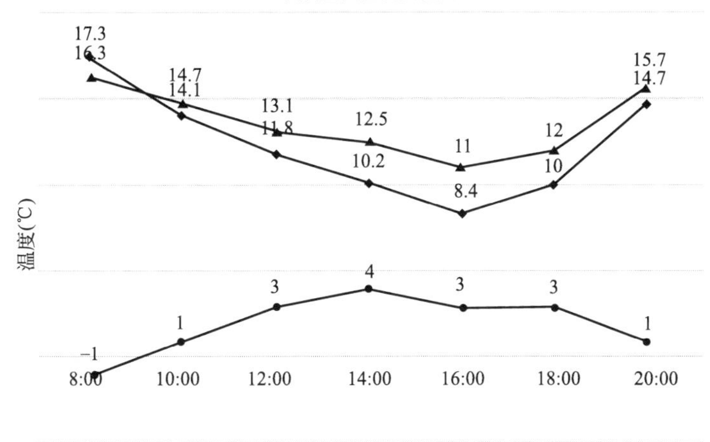

图 16　民居室内温度变化图

温度下降的更小。在自然条件下 8:00 ~ 20:00 的 12 个小时中，室外日温差 5℃时。在 8:00 封闭火炉时，夯土民居的室内温度为 16.3℃，砖混民居的室内温度较高一些为 17.3℃，在相同自然的情况下，两个民居的温度都呈下降趋势，但由温度折线图看出，夯土民居温度下降得较为缓慢，而砖混民居的温度下降得较快，在 8:00 ~ 18:00 没有进行火炉取暖期间，夯土民居的室内温度降低了 5.3℃明显小于砖墙民居降低的 8.9℃。

夯土民居更好地维持室内温度的变化，减少室内热量的散失，而砖混民居在冬季寒冷的条件下，不利于室内温度的稳定，并导致大量热量的散失。夯土民居的围护结构的保温性能较好一些。

（3）围护结构得热失热模拟计算

围护结构得热失热是指周期热作用下，围护结构传导的热量。围护结构得热失热能力是影响其热稳定性的主要因素。以海尾巴村村中的 7 号住宅与 34 号住宅为例，进行对比分析。

计算传统生土墙民居与新建砖墙民居在相同的环境下围护结构得热失热的情况如下（蓝色到黄色为由失热到得热的过程，失热越多，蓝色范围越大越深，反之亦然）：

由图 17、图 18 可以看出砖墙围护结构的失热面积（蓝色区域）远多于夯土围护结构，即冬季夯土结构失热较少，但砖墙围护结构的黄色区域要多于夯土围护结构，即夏季砖墙结构得热多于夯土结构，总体来看夯土

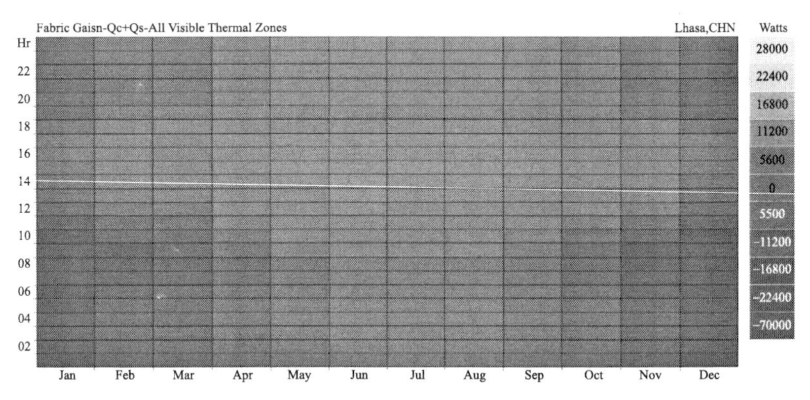

图 17　夯土围护结构得热失热模拟计算图
（扫增值服务码可看彩图）

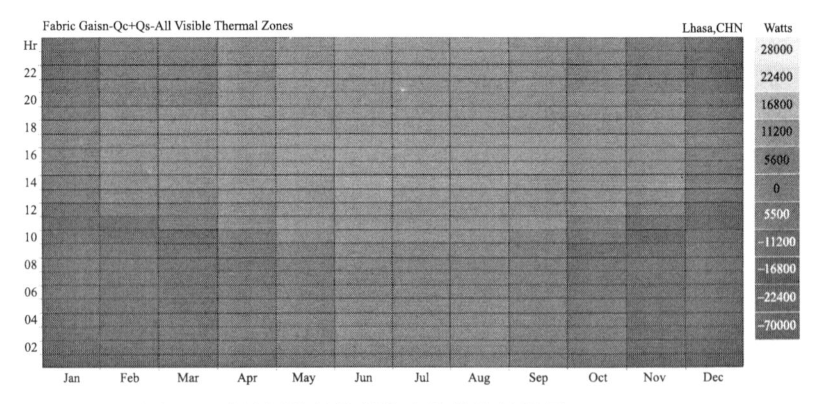

图 18　砖墙围护结构得热失热模拟计算图
（扫增值服务码可看彩图）

围护结构的得热失热较为稳定（图 19）。

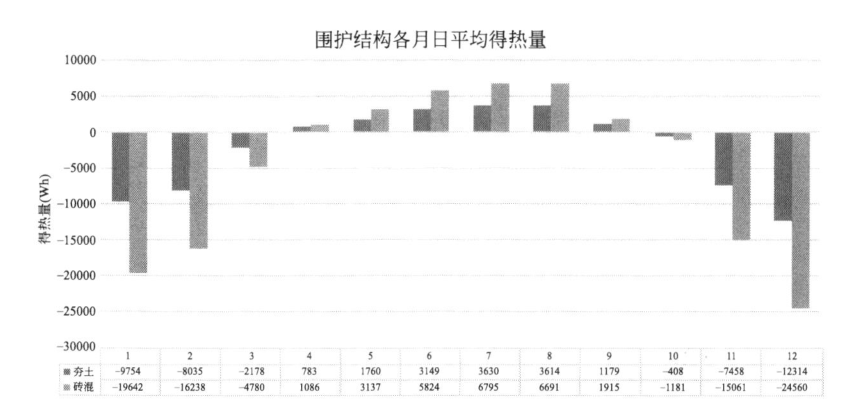

	1	2	3	4	5	6	7	8	9	10	11	12
夯土	-9754	-8035	-2178	783	1760	3149	3630	3614	1179	-408	-7458	-12314
砖混	-19642	-16238	-4780	1086	3137	5824	6795	6691	1915	-1181	-15061	-24560

图 19　围护结构各月模拟计算值比较图

具体得热失热数据如下：

建筑在夏季通过围护结构得到的热量越少、冬季通过围护结构失去的热量越少，越有利于室内温度的稳定。经过上面的模拟计算可知，传统夯土围护结构与砖墙围护结构在相同的环境下其围护结构在 10 月到次年的 3 月间处于失热状态，但各月的失热量却有很大的差别，鲁甸地区最冷月为 12 月份，这时夯土民居通过围护结构的失热量是砖墙民居围护结构失热量的 1/2；最热月为七月份，此时夯土民居通过围护结构的得热量是砖墙民居围护结构的 7/10。从总体数据分析，夯土围护结构较砖墙围护结构而言，在冬季能更好地保证室内热量的散失，而在夏季又可以减少室外热量的进入，相同月份夯土围护结构比砖墙围护结构冬季更加保温，夏季更加隔热。

3）建筑朝向模拟分析与改造建议

最佳建筑朝向就是考虑过冷时期内得到的太阳辐射较多，而在过热的时期内得到的太阳辐射较少，二者权衡折中后所得到的一个朝向。利用 Ecotect 中的 Weather

Tool 工具分析发现（图 20），在鲁甸地区选择南偏西 7.5° 即 187.5° 的方向进行建造灾后民居重建最佳，在冬季可获得较多的太阳辐射，有利于室内温度的提高。

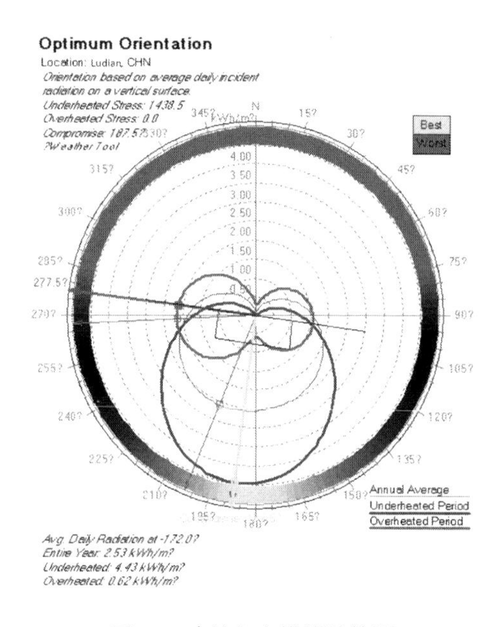

图 20　建筑朝向模拟计算图

4）总结

海尾巴村当地居民冬天采用炉子来取暖，在冬季夯土墙更能有效地减少室内热量的散失，相对于新建砖墙民居更有效减少煤炭的消耗量，进而减少因燃烧煤炭而产生的大气污染物。

3. 建筑的发展与展望

1）新型夯土建筑的发展

鲁甸地区灾后重建中的光明村实验住宅[5]是一座新型的夯土建筑，该住宅由香港中文大学和昆明理工大学联合建造，其建筑面积 150m² 左右。在技术层面，分别针对坡屋顶构造，平屋顶构造，新型抗震夯土技术体系进行了专项研究和示范，有效缩短夯筑墙体的时间，熟练团队夯土量最高可达 10 ~ 13m^3/ 天（约 28 ~ 37m^2 墙面），较之传统的夯土技术工作效率可提高 70%，有效缩短工期（图 21）。

图 21　夯土示范房建造过程

新型夯土技术的研发不仅有效地解决原有夯土建筑施工周期长，抗震效果差的现状，也有效地继承和发扬了传统材料的优势，对传统建筑的发展有了有力的推动。

2）展望

海尾巴村为适应鲁甸地区的高原气候而建造的传统

夯土民居，是千百年来当地居民不断探索改进的智慧结晶。夯土围护结构的传热系数比较低、蓄热性能高，有效减少室内热量的散失，且有效保证室内温度相对稳定。新型建筑材料虽然在建筑初期投入较少，但后期会消耗更多的能源和资源，带来更多的环境隐患。新材料的使用也意味着传统建筑的减少与传统建筑文化的消退。

海尾巴村传统建筑流失的现象在鲁甸地震灾区灾后重建地区中仅是冰山一角，而鲁甸地区灾后重建又是中国传统建筑流失的冰山一角，人们在追求“新建筑”的同时也遗弃了传统文化与内涵，违背了绿色建筑节能的原则。

传统建筑的维修与保护不仅需要当地居民的积极与努力，也需要技术与研发人员的参与，更需要政府部门的大力支持与发展。

参考文献：

［1］中国建筑科学研究院. 高寒地区居住建筑节能设计标准［S］. 北京：中国建筑工业出版社，2010：4–8.

［2］中华人民共和国住房和城乡建设部. 民用建筑热工设计规范 GB 50176–2016. 北京：中国计划出版社，2017，09.

［3］柳孝图. 建筑物理［M］. 第三版. 北京. 中国建筑工业出版社，2010，7.

［4］刘加平，谭良斌. 建筑创作中的节能设计［M］. 西安建筑科技大学，2009.

［5］柏文峰. 云南民居结构更新与天然建材可持续利用［A］. 清华大学，2009，03.

装配式生土木构候车亭和民居的创作

刘崇，昝池，王浩，刘艳艳，丁琪，王梦滢

1. 关于装配式生土建筑

采用土坯砌筑和现场夯筑技术的生土建筑，建造过程往往受天气和季节等因素的制约，难以精准控制成本和时间。德国学者马尔科·索尔（2015）在《优雅的泥土——夯土建筑与设计》一书中写道："在1997年之前，没有在现场之外生产大型生土构件的先例，生土建筑中的装配工艺几乎是个未知的领域"。索尔认为，马丁·劳齐事务所、赫尔佐格和德梅隆事务所和欧洲高校合作研发的一系列装配式生土建筑技术创新填补了这一空白。

劳齐是奥地利建筑师，瑞士苏黎世联邦理工大学客座教授。为使生土建筑能够满足工业化生产和个性化定制的要求，劳齐和合作者发明了能向模版内自动灌浆并进行搅拌的机械系统，使构件的尺寸主要取决于运输方式和起重机的荷载能力，预制生土构件的最大重量可达5t（图1）。

劳齐也改善了夯筑用土的混合成分，优化了夯筑过程和模板形式，并引入"加固层"对传统技术进行系统性的发展。在材料选用方面，劳齐团队一直坚持使用土砂石级配、拒绝添加化学改性剂的环保理念，通过建筑及构造的途径克服和规避材料在力学和耐水性能上可能出现的薄弱环节。

图 1　劳齐和苏黎世工大教师合作的预制生土小品

赫尔佐格和德梅隆事务所在瑞士利口乐草药中心采用和瑞士苏黎世联邦理工大学共同研发的装配式技术，使生土像混凝土一样具有良好的可塑性和稳定性。670块生土构件在几公里之外的车间中被加工出来，然后运到施工现场锚固于主体结构，构件之间的缝隙用特种灰泥进行填充和夯实（图 2）。

图 2　利口乐草药中心施工过程与建成实景

劳齐及其合作者的工程案例表明，装配式生土建筑有效克服了传统生土建筑在干燥收缩、施工效率和工艺精度等方面的相对不足，有利于缩短建造所需的时间，还能够满足综合性大规模建设项目的成本核算要求。

2. 夏热冬冷地区候车亭创作

在夏热冬冷地区，公交停靠站点的封闭候车亭兼顾夏季防热和冬季保温的要求。我们采用木结构承重体系和装配式生土墙体，发挥生土材料夏季隔热性好、冬季蓄热性能优越的特点。

候车亭沿道路划分为 2.4m × 2.4m、4.8m × 2.4m、2.4m × 2.4m 三个空间，净高 2.7m，一共设置 36 个成人座位（两端各为 10 个，中间 16 个）。候车亭日常可供休憩、会谈和晨读使用（图 3）。

候车亭中部封闭空间的朝阳一侧采用百叶门窗，利于夏季遮阳和自然通风。冬季在百叶门窗内侧嵌入玻璃窗将其密闭，按静坐时人均新陈代谢发热功率约 80W 估算，10m^2 空间内 16 人的发热功率为 1280W，可基本保持冬季室内的舒适温度。候车亭端头两个小空间春夏季开敞，在冬季可选择封闭或保持开敞。

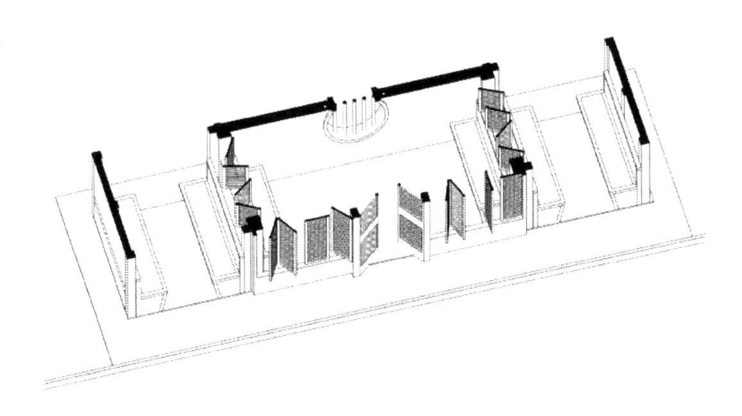

图 3　夏热冬冷地区候车亭空间划分示意图

候车亭墙体采用预制的生土墙体作为围护结构。两侧外墙的下部墙体可采用当地的勒脚砌筑工艺体现传统文化特色。在白天和阳光直射时，夯土墙体可大量吸收并储存热量。当夜间环境温度下降时，墙体逐步向室内辐射热量，维持室内的热舒适，抑制昼夜温度过大的波动。生土墙体虽“原始”，其保温绝热性能仍优于多数混凝土、黏土砖和石材等常规材料（图 4、图 5）。

图 4　夏热冬冷地区候车亭日间透视

图 5　夏热冬冷地区候车亭傍晚透视

3. 夏热冬暖地区候车亭创作

福建、两广、台湾和海南所属的我国夏热冬暖地区夏长冬短，没有严寒。当地的民居为避免夏季太阳直晒往往采用较大的挑檐，室内外空间采取通透的形式以加强通风，克服夏天因湿度大而带来的闷热。在这种条件下，我们主要发挥装配式生土墙体高性价比和可凸显当地本土特色的优势（图 6 ~ 图 10）。

4. 青岛地区生土民居的研究和创作

受胶州市管理村的委托，我们于 2015 年设计了一套实验性的生土农宅。了解到土坯建筑和夯土建筑在当地有着悠久的传统（图 11），我们在研究中融入匠人和村民参与设计的方法，以提出符合地方特色和结合民间习俗的生土民居设计方案。

借助计算机能耗模拟，我们对建筑设计和构造方案的合理性和绿色性能进行检验，包括墙体的热工性能、吸湿与放湿性能、隔声降噪性能以及应用该墙体给建筑

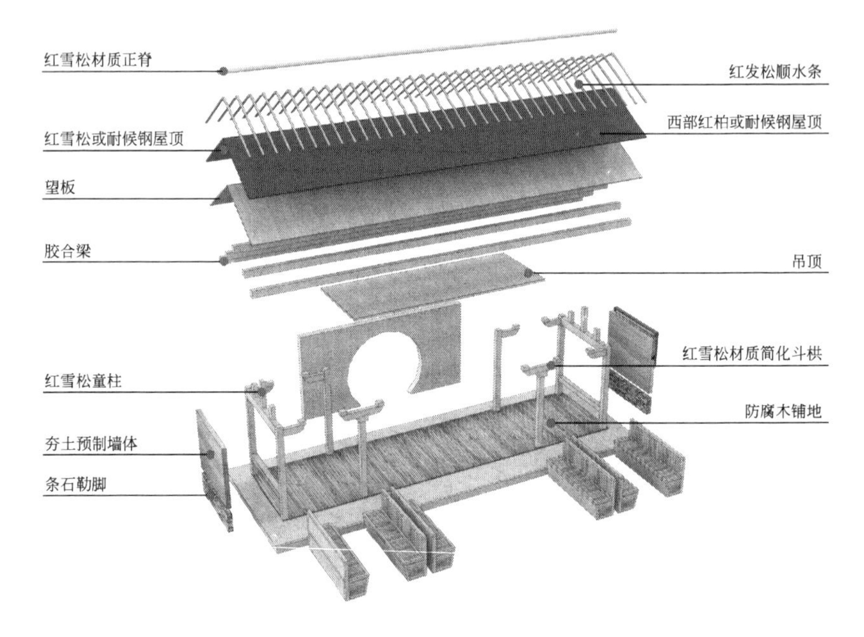

图 6　夏热冬暖地区候车亭方案 A 结构示意

图 7　夏热冬暖地区候车亭方案 A 透视（1）

图 8　夏热冬暖地区候车亭方案 A 透视（2）

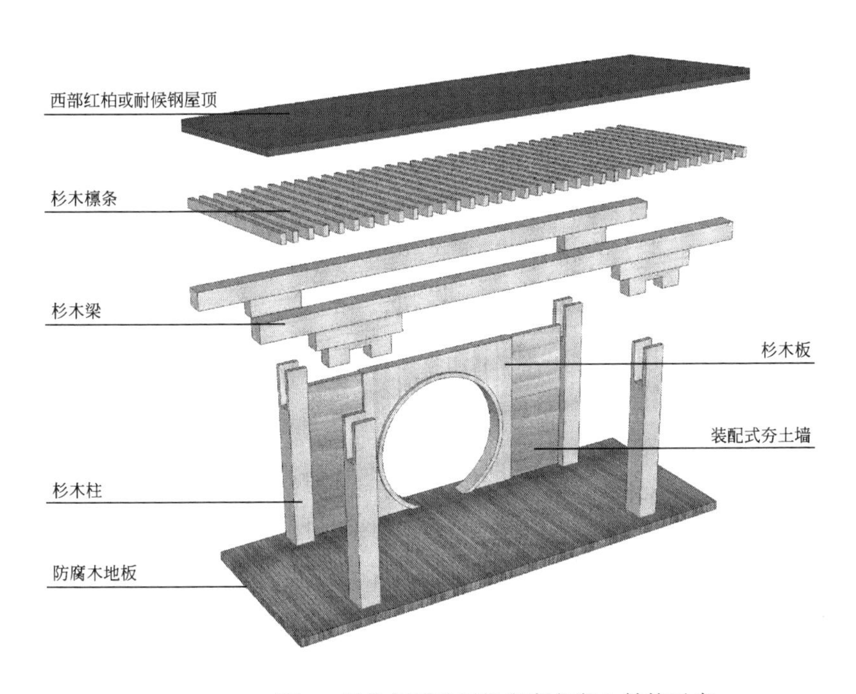

图 9　夏热冬暖地区候车亭方案 B 结构示意

图 10　夏热冬暖地区候车亭方案 B 透视

图 11　山东半岛地区的传统生土技艺调研与记录

带来的节能效果与室内舒适度的提升等，对出现的技术问题进行研讨和改良（图 12、图 13）。

1 ST:
餐厅
厨房
储藏
卫
上
客厅
玄关
±0.000
老人房
下
-0.300
4000
2000
4000
10000
4600
2800
2000
2600
12000

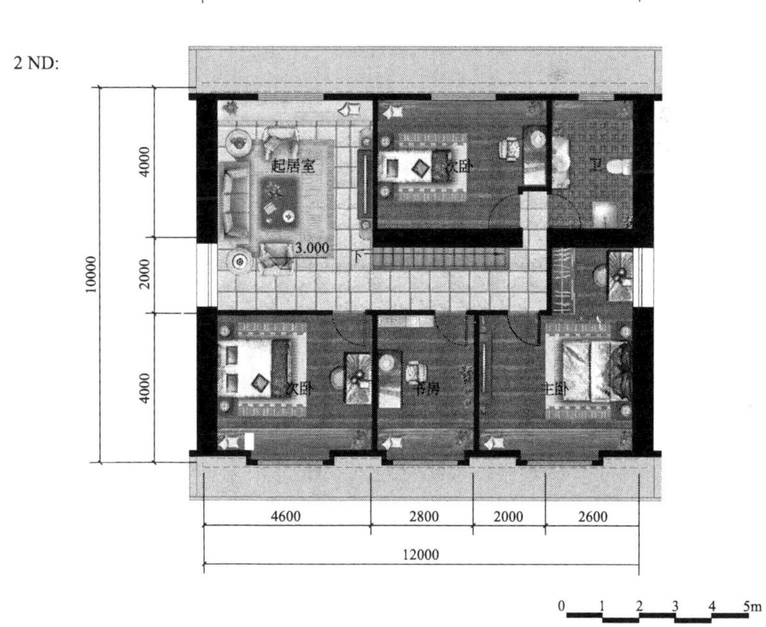

图 12　胶州市管理村现代生土民居平面图

图 13　胶州市管理村现代生土民居透视图

研究表明，屋顶全部采用太阳能光电板的钢混民居建筑经 4 ~ 5 年产生的电能，才能与拥有同等围护结构传热系数、不采用太阳能光电板的夯土建筑在建筑材料上节约的能耗相当，且后者在降解中几乎不产生环境污染。推广现代生土建筑是青岛地区农村建筑实现节能降耗的有效途径。

秸秆再生

德国自承重式秸秆建筑的建造与节能[①]

刘崇，谭令舸

摘　要：自承重式秸秆建筑是一种通过秸秆砌块本身来构成承重体系的建筑形式，因其造价低廉、易于建造的特点，适合于乡村和风景区房屋的营建。本文以笔者参与建造的德国北部瓦格林秸秆生态旅馆为例，详细说明了自承重式秸秆建筑的施工准备、墙体砌筑技术和抹灰工艺的特点。对秸秆拱围护结构与常规砖混结构进行节能对比计算，对二者的热工性能、建筑年采暖能耗值与材料碳排放进行了比较研究，简析秸秆建筑的节能性与生态性，以期为我国秸秆建筑的进一步发展提供借鉴。

关键词：秸秆建筑，构造，民居，工艺

1. 工程概况

由欧洲生土建筑学校建设的秸秆生态旅馆位于德国北部的瓦格林小镇，建筑面积 215m^2，共 4 个开间，总长 26.5m，高 4.5m。卡塞尔大学 Gernot Minke（赫尔诺特·明克）教授主持设计并担任施工监理，来自德国、荷兰、比利时、波兰、西班牙、中国和日本等国家的教师与志愿者共同组成施工团队。这座旅馆建筑的基本单

---

① 原载《世界建筑》2018 年第二期，本文有增补。

元是由秸秆砌块建造而成的拱券，拱券采用了悬链线（catenary）型曲线，目的是依靠秸秆拱券垂直于地面的压应力保证建筑的稳定（图 1）。重复的秸秆拱单元既降低了施工的复杂性，又使建筑在外部形象上富有动感和韵律，美观大方。秸秆拱给人以厚重、舒适和安全的感受，南侧的落地窗保证了室内足够的光照；另外对于旅馆建筑，秸秆砖墙具有良好的隔声效果，秸秆拱形成的凹面可以延伸声效，进一步提高空间的吸声特性。旅馆屋顶采用种植屋面，种植佛甲草等植物，加强建筑的保温和隔热性能（图 2、图 3）。

图 1　施工中与建成后的瓦格林镇生态旅馆（1）

图 1　施工中与建成后的瓦格林镇生态旅馆（2）

（本图由 Klaus Hirrich 提供）

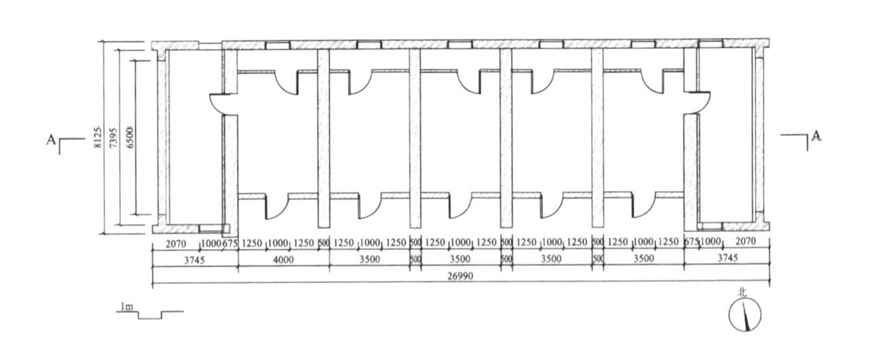

图 2　平面图

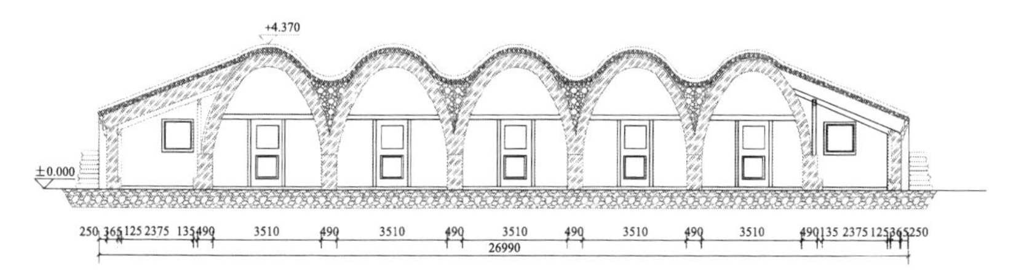

图 3　剖面图

（设计：Gernot Minke，作者根据图纸改绘）

2. 施工准备

施工现场需要由具有秸秆或生土建筑施工经验的专业人员担任监理，其职责是负责现场的调度、质量检测和气象防护，对施工安全和材料中的水汽含量进行监测，并记录施工日志。在施工现场散落的秸秆是一个重要的火险源，所以现场应该定期打扫，严格按照规范布置灭火设备，严禁明火作业。

构成连续拱券的秸秆砌块由工厂预制，由小麦秸秆作为原材料经过高压捆扎而成，需要保证密度不小于 $90kg/m^3$，砌块含水率不超过其总重量的 15% [1]。进入现场的秸秆砌块，需用帆布进行严密的保护，防止雨淋与受潮。贮存时将秸秆砌块按长度进行标记，分开堆放在干燥的厚木板上。项目选用了标准厚度为 365mm、导热系数为 0.045W/（m・K）的预制砌块。

在工作车间内，链锯工作台把工厂预制的秸秆砌块的截面加工成砌筑拱券所需要的梯形截面。工作台由“切割单元”和“输送单元”组成：安装在左右两侧的链锯组成切割单元，用以把秸秆砌块的侧边切割成砌筑拱券所需要的角度；安装在底部的平台是输送单元，用以向链锯构成的切割面输送砌块（图 4、图 5）。

图 4　加工秸秆砌块的链锯工作台

图 5　对工厂预制的秸秆砌块进行再加工

3. 建造流程及技术要点

1）地面与基础

地面与基槽开挖之后，施工人员需要用三七灰土对槽体进行防潮和夯实处理。然后技术小组成员需要铺设350mm厚的泡沫玻璃垫层，并再次夯实，之后设PE箔片隔汽层，这样有助于阻隔地面的水分通过毛细作用进入基础上方的墙体，抑止秸秆砌块的腐烂。捣实的碎泡沫玻璃处于高度密实状态，它的导热系数 λ 在0.06~0.08W/（m·K）之间[2]，具有良好的冬季保温和夏季隔热性能。秸秆墙与基础和地面的下部连接需要保证不会形成热桥，并且这个区域的秸秆和抹灰需要考虑防溅水保护，通常在泥土抹灰外再设置一道防水石灰抹面。另外在条形基础与墙体之间使用防潮砂浆，防止地基中的水分渗入墙体内部（图6、图7）。

图6　基槽的泡沫玻璃垫层

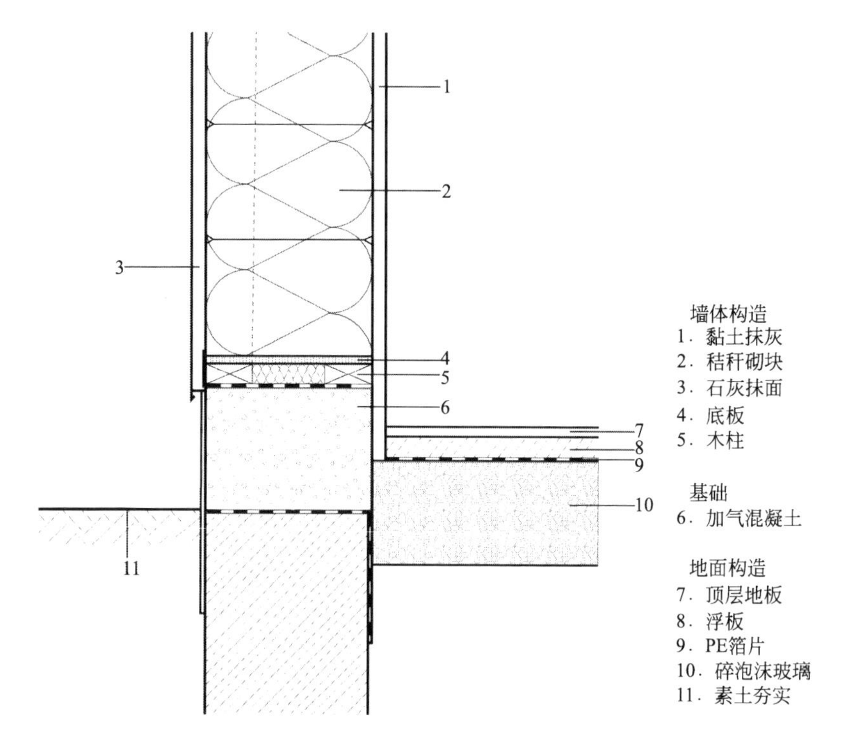

图 7 墙体与基础、地面连接

（设计：Gernot Minke，作者改绘）

2）墙体

生态旅馆整个北立面和南立面的拱形雨棚由加气混凝土砌块砌筑而成。在进深方向，基础的上方首先砌筑 1.20m 高的加气混凝土矮墙，它对秸秆拱券起到支撑作用。混凝土矮墙完成后，即在矮墙之间插入预先制作的拱形模板，在模板上方进行拱券的施工（图 8）。上下层秸秆砌块之间以木条垂直插入的方式进行加固，木条插入的深度约为砌块厚度的 2.5 倍（图 9）。五个相同跨度、高度的秸秆拱共同构成重复的空间单元。

在完成每个拱顶的结构施工后，需安装预应力拉索，对拱顶施加预应力，以提高其屋顶结构的承载力，

图 8　在加气混凝土矮墙上砌筑秸秆拱

图 9　秸秆砌块的错缝和加固处理

加强其稳定性。拉索在开间方向环绕秸秆拱的上方，两端通过棘轮拉紧器和混凝土矮墙中预埋的锚栓相连（图10、图11）。每个秸秆拱需要多个拉索共同施加预应力，拉索的间距是根据拱顶所需预应力和拉索材料的类型来确定的。

图10　对秸秆拱施加预应力

图 11　笔者（左四）参与对秸秆拱施加预应力

为保证结构的刚度和稳定性，秸秆承重墙的墙高与厚度的比值不应超过 5 ∶ 1（图 12、图 13），自承重秸秆拱的实际高度和墙厚的比例应通过结构软件的计算确定。如果窗凹进秸秆墙内较深，容易产生热桥并在冬季蓄积冰雪残留物（图 14）。理想的构造方法是将窗户置于窗洞中央，附加保温材料阻断热桥效应，同时抑制水分的进入（图 15）。

图 12　秸秆墙体（室内一侧）

图 13　秸秆墙体（室外一侧）

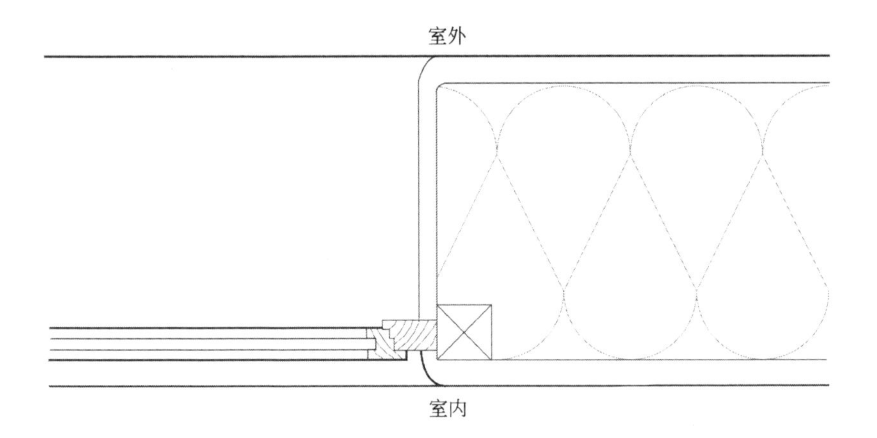

图 14　墙内不利的窗户

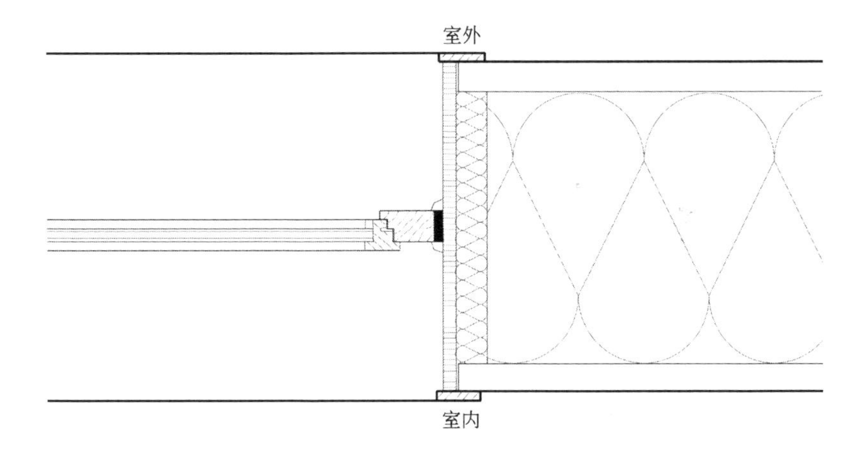

图 15　墙与窗结合位置构造

3）抹灰

抹灰既阻隔水汽进入秸秆砌块，又是秸秆结构防火的主要屏障，它还可以提高建筑的蓄热性能。在秸秆拱内外表面抹灰之前，砌块局部突出室内墙面的秸秆，需要用电动修剪机等工具进行修剪，将墙面修整平滑，然后用混合了秸秆的轻质黏土填实墙面的所有缝隙和孔洞。玻纤网连接不同材料表面的接合处和墙面的转角处，起到加固灰浆的作用，防止产生裂纹。

室内和室外一侧的抹灰材料的选择应依据“入难出易”的原则，以防止过多水蒸气渗入秸秆砌块内部，而已进入砌块内部的水蒸气可方便地逸出，避免砌块内部水汽聚积，造成结构损伤（图 16）。抹灰的材料可以选用黏土、石灰以及石灰与水泥的混合物。黏土有能够吸附水汽的特性，对调节室内空间的空气湿度起到积极的作用。在空气湿度可能超过 70% 的浴室，用粉刷乳胶或亚麻籽油清漆等防护层的方法增加抹灰材料对水蒸气扩散的抵抗能力（明克等，2007）。

抹灰工作需进行三遍。第一遍使用压力泵进行喷涂，灰浆中黏土含量较高，目的是保证秸秆砌块外表面纤维和抹灰层紧密连接，同时进行表面的初步找平。第二遍抹灰较薄，需要使用含细沙量和麻纤维混合物较多的灰浆，以减少干燥过程中产生的裂纹。第三遍抹灰的灰浆应严实而牢固，形成总厚度 50mm 的平整面层（图 17、图 18、图 19）。

墙体的抹灰原料由 1 份石灰与 3 ~ 4 份砂组成，并在石灰中额外添加 5% 的水泥以加速抹灰的硬化。进行室外抹灰时，第二层涂层需要设置加固网以阻止裂隙的产生。另外溅水防护是一项重要的要求，可以通过添加憎水剂、刷油漆面层或设置溅水板来满足（表 1）。

不同配合比的石灰抹灰的蒸汽扩散系数 μ 值　　表 1

石灰粉末	火山灰石灰	粗砂	无脂酸奶酪	亚麻籽油清漆	土，高含量	牛粪	综合 μ 值
1	—	3	—	—	—	—	11.2
—	1	3	—	—	—	—	10.8
1	—	6	0.5	—	—	—	6.2
1	—	15	0.5	—	3	—	9.7

续表

石灰粉末	火山灰石灰	粗砂	无脂酸奶酪	亚麻籽油清漆	土，高含量	牛粪	综合 μ 值
1	—	3	—	0.05	—	—	15.2
1	—	3	0.25	0.05	—	—	28.5
1.5	—	10	—	—	2	6	8.0

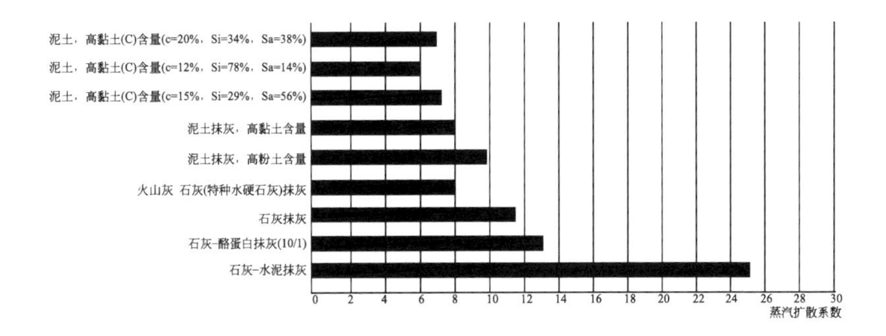

图 16　不同抹灰材料的蒸汽扩散系数（明克等，2007）

4. 节能分析

在相同气候环境下，将秸秆生态旅馆与等同节能设计标准的砖混结构房屋进行对比计算，保证砖混房屋的形状、体量、朝向、内部的空间划分和使用功能与秸秆生态旅馆完全一致，以分析两种体系围护结构的热工性能。

1）秸秆拱传热系数计算

旅馆连续拱券的结构单元由秸秆砌块组成，砌块通过压缩机预制生产而成，标准厚度为 365mm。秸秆砌块采用垂直砌筑，形成隔热层，这样可以使热传递方向垂直于秸秆茎，综合测算其导热系数 λ 为 0.045W/（m·K）。根据《民用建筑热工设计规范》GB　50176—2016[3]，

图 17　对秸秆墙体表面进行整平与抹灰

图 18　对秸秆拱进行喷涂抹灰

图 19　旅馆内部空间（Klaus Hirrich 提供）

秸秆拱的传热系数（K值）计算如表 2 所示。

秸秆拱传热系数 K 值计算 **表 2**

K 值的确定	厚度 d（m）	导热系数 λ［W/（m·K）］	热阻 R（m^2·K/W）
内部空气热传递			0.130
黏土抹灰 / 抹灰基层	0.025	0.80	0.031
秸秆砌块 （麦秸纤维垂直）	0.350	0.045	7.777
石灰抹灰 / 抹灰基层	0.025	0.87	0.020
轻质种植土	0.250	0.169	1.482
外部空气热传递			0.04
K 值总计：K=1/9.48=0.105W/（m^2·K）（R 值 =9.48m^2·K/W）			

秸秆拱的计算传热系数 K=0.105W/（m^2·K），达到了被动式超低能耗建筑围护结构传热系数不大于 0.15W/（m^2·K）的要求[4]。

2）围护结构得热失热模拟计算

围护结构热稳定性是指在周期的热作用下，围护结构本身抵抗温度波动的能力。围护结构的得热失热能力是影响房间热稳定性的重要因素。运用 Ecotect 软件，建立秸秆生态旅馆热环境模型，对其围护结构的得热失热进行模拟分析。模拟图中蓝色到黄色为由失热到得热的过程，失热越多，蓝色范围越大、颜色越深，反之亦然。

由图 20、图 21 可以看出，秸秆拱结构十月到次年 3 月处于失热状态，最冷月 1 月围护结构月平均失热量为 21.14kW·h；最热月 7 月围护结构月平均得热量为 0.306kW·h。在相同环境，秸秆拱与等同节能设计标准的砖混围护结构：厚度为 490mm 的黏土多孔砖墙，15mm 厚的石灰抹灰，275mm 厚的 EPS 板和 15mm 厚的石膏板，由被动房分析软件 PHPP 计算得到墙体传热系数 K=0.105W/（m^2·K）。分析围护结构的 K 值可以发现：砖混结构达到与秸秆拱相同的传热系数时，黏土多孔砖和保温层构成墙体系统的厚度约为秸秆拱的 2 倍。在室内空间利用和材料经济性等方面，秸秆拱结构较砖混结构具有一定优势。

将两种围护结构进行模拟计算，图 22 的数据表明：最冷月秸秆拱结构的失热量是砖混结构的 20.66%，最热月秸秆拱结构的得热量是砖混结构的 2.97%，说明秸秆

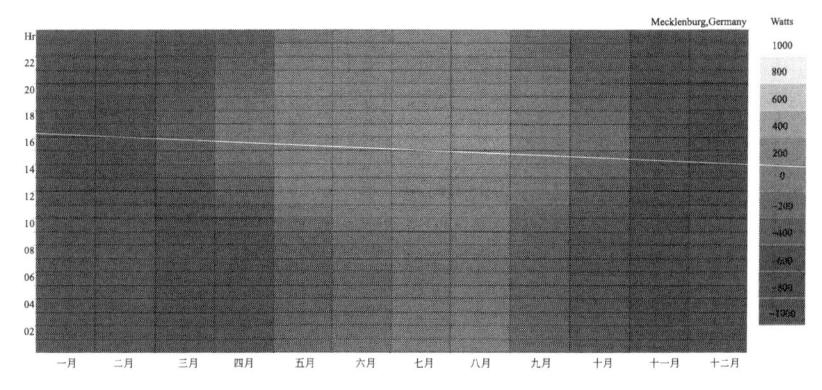

图 20　秸秆拱围护结构得热失热计算模拟图

（扫增值服务码可看彩图）

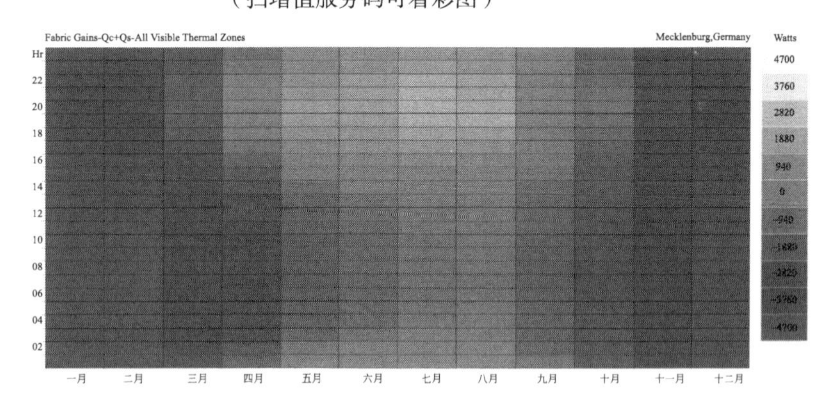

图 21　黏土多孔砖围护结构得热失热计算模拟图

（扫增值服务码可看彩图）

拱较砖混围护结构而言，在冬季能更好地保温，而在夏季又能够减少热量进入，起到隔热的作用。

3）建筑能效与碳排放

运用 Ecotect 分析软件对秸秆生态旅馆进行年能耗计算，得到建筑采暖年能耗为 42.54kWh/m^2。对比德国现行节能条例（EnEV）中规定的典型新建建筑的采暖热

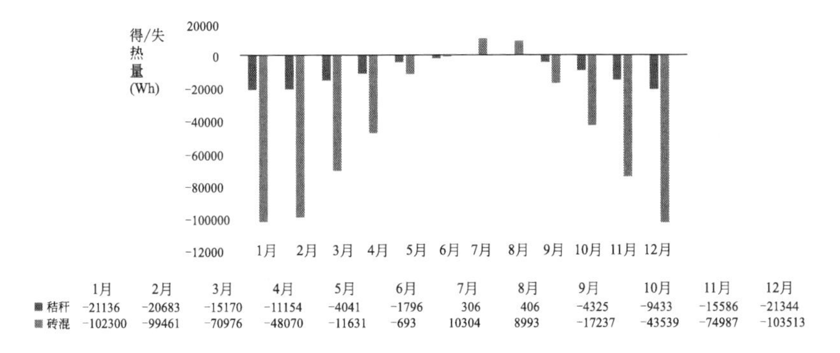

	1月	2月	3月	4月	5月	6月	7月	8月	9月	10月	11月	12月
秸秆	-21136	-20683	-15170	-11154	-4041	-1796	306	406	-4325	-9433	-15586	-21344
砖混	-102300	-99461	-70976	-48070	-11631	-693	10304	8993	-17237	-43539	-74987	-103513

图 22　围护结构各月模拟计算比较图

耗限值 45kWh/（m^2·a）[5]（图 23），秸秆生态旅馆年采暖热耗小于限值，属于低能耗节能建筑。秸秆生态旅馆与等同节能设计标准的砖混建筑相比，建筑全年采暖、制冷的能耗值仅为后者的 24.93%（图 24）。

针对秸秆生态旅馆进行连续 72 小时区域模拟测温，选取时间为瓦格林镇年平均最冷时段 2 月 2 ~ 4 日，测试周期内室外平均温度为零下 1.6℃，设置测试期间旅馆门窗均处于关闭状态。在冬季无人居住且无供暖的条件下，测量数据整理如图 25 所示，室内温度与室外温度变化趋势基本呈正相关，但两种围护结构相比较，秸秆生态旅馆的室内温度变化趋势受室外温度变化的影响较小。在自然条件下 0:00~24:00 的 24 个小时中，年最冷日 2 月 4 日室外温差为 6.4℃，而旅馆室内保持在一个稳定的温度范围，日温差仅为 1.8℃。同时秸秆拱室

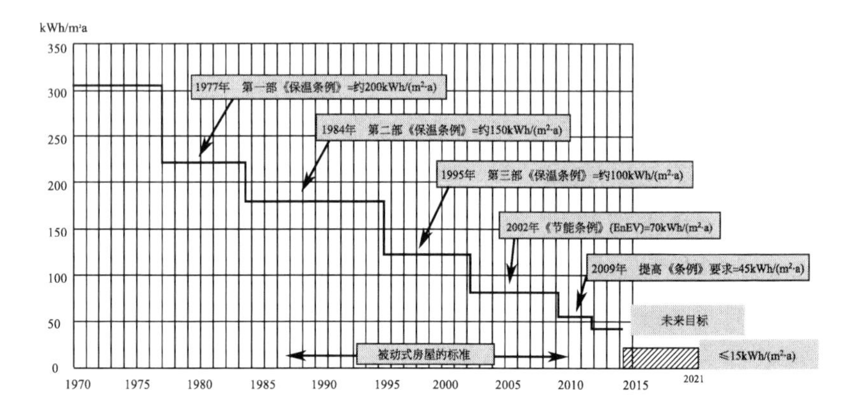

图 23 德国现行条例中规定的新建建筑采暖能耗限值

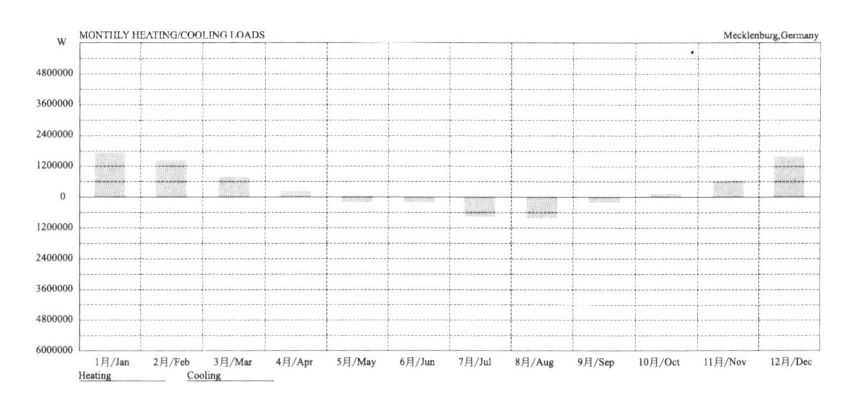

图 24 建筑逐月能耗分析（扫增值服务码可看彩图）

内温度比砖混结构平均高 4℃左右，说明秸秆拱结构具有良好的热惰性同时室内更为舒适。

如图 26 所示，蓝色多边形表示热舒适区域，青色区域代表被动式太阳能采暖的得热量。计算秸秆生态旅馆的窗墙比为 0.21，根据焓湿图分析得出：设计中采用被动式太阳能采暖策略，能够提高建筑 4 月、5 月和 9 月大部分时间的室内舒适度。

建筑材料因加工和运输导致的碳排放是影响建筑全生命周期内生态效益的另一关键因素，依据建筑碳排放计量标准（中英文对照）和碳排放计量方法的相关文献，

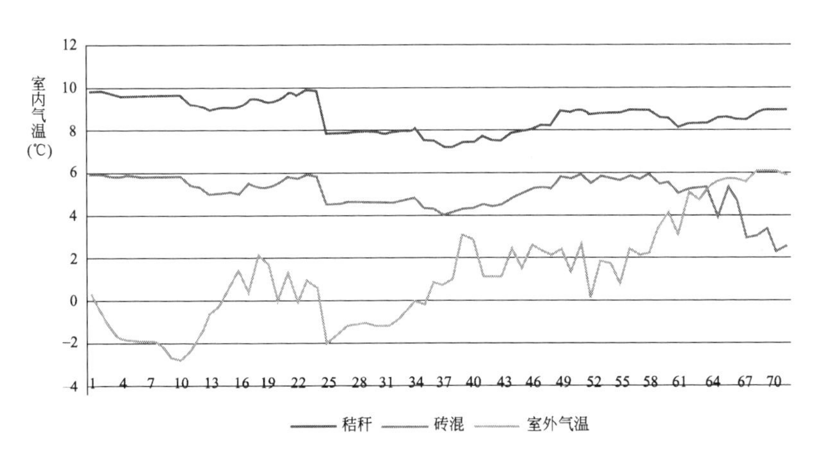

图 25　建筑室内外温度变化图

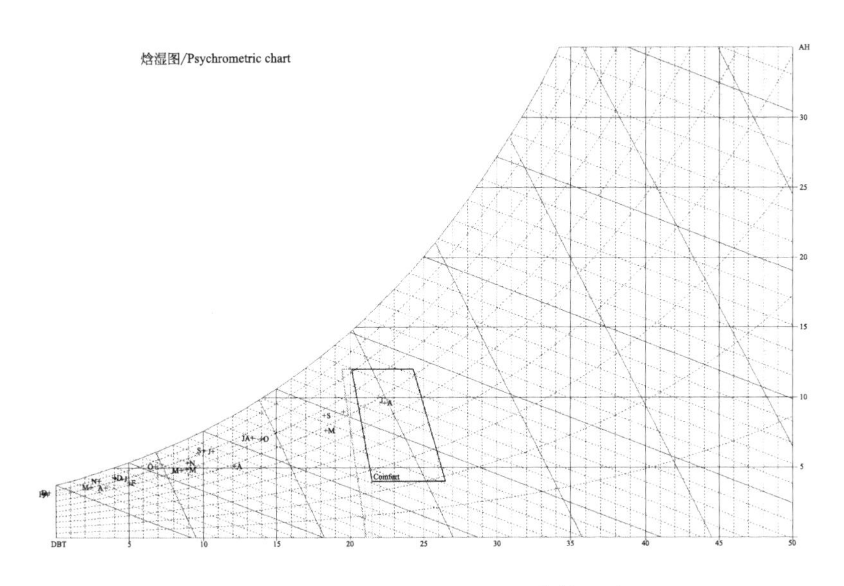

图 26　采用被动式太阳能供暖焓湿图

（扫增值服务码可看彩图）

了解主要建筑材料的生产过程、能源消耗情况，归纳汇总两种结构相关的建筑材料碳排放系数（图 27）。依据不同建筑材料生产阶段的碳排放因子，对砖混、秸秆拱两种结构进行碳排放定量比较，建筑材料生产阶段的碳排放计算公式为：

$$E_e = \sum_{i=1}^{n} Ee_i \times M_i \ / \ S_0$$

其中：

Ee_i 为第 i 种建材的碳排放系数；

M_i 为第 i 种建材的使用量；

S_0 为屋面表面积。

根据秸秆生态旅馆测算数据（表 3），其全部材料的碳排放总量为 6380.46kg，相比于等同节能设计标准的砖混结构房屋的砖混结构建筑（图 28），其全部材料的碳排放仅为后者的 16.20%。因此合理使用秸秆建材可以有效减少建筑温室气体的排放。

秸秆旅馆与参照建筑对比 **表 3**

	围护结构构造	厚度（mm）	K值［W/（m^2·K）］	建筑碳排放（kg）	每平方米碳排放（kg）
秸秆拱	25mm 黏土抹灰 350mm 秸秆砌块 25mm 石灰抹灰	400	0.105	6380.46	29.67
砖混结构	15mm 石灰抹灰 275mm EPS 板 490mm 黏土多孔砖 15mm 石膏板	795	0.105	39379.84	183.13

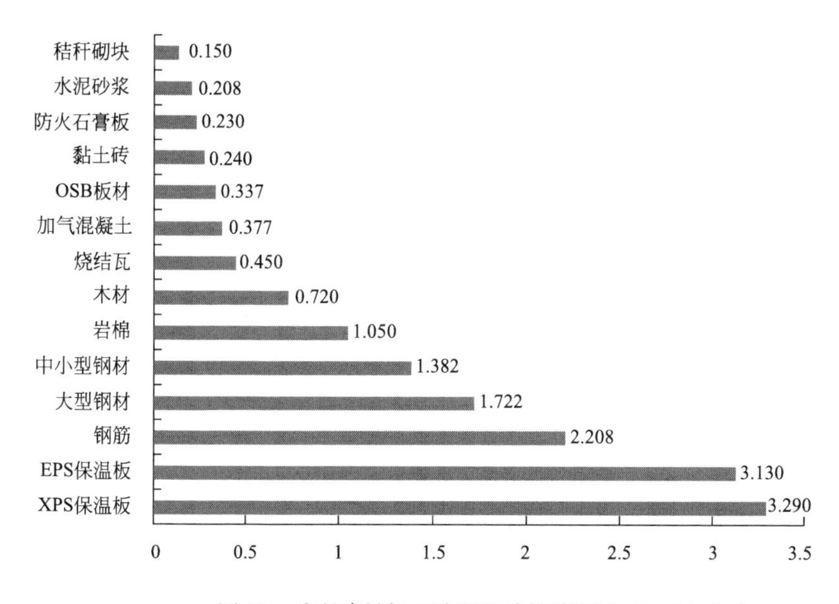

图 27 欧洲建材加工阶段的碳排放因子（kg CO_2/kg）

（数据来源：http://www.greenspec.co.uk）

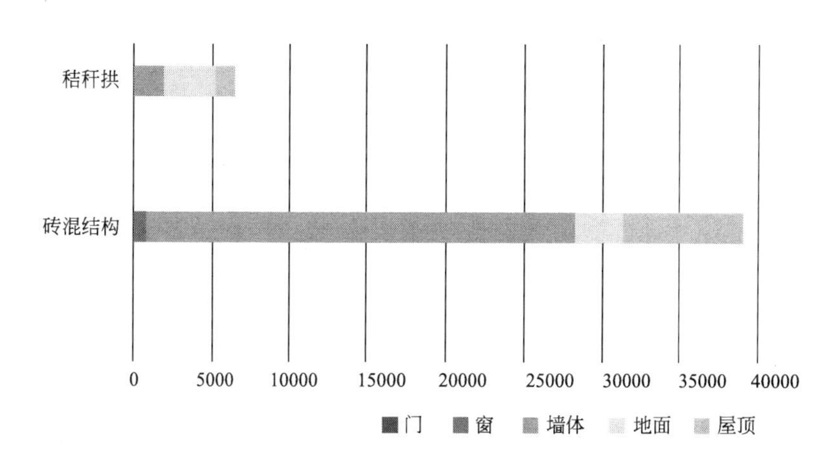

图 28 不同围护结构碳排放比较

参考文献

[1] 赫尔诺特·明克，弗里德曼·马尔克，刘婷婷，秸秆建筑[M]. 北京：中国建筑工业出版社，2007：56–60.

[2] 刘加平等. 建筑物理[M]. 北京：中国建筑工业出版社，2009，8.

[3] 中华人民共和国住房和城乡建设部. GB 50176–2016，民用建筑热工设计规范[S]. 北京：中国建筑工业出版社，2016，8.

[4] 中国建筑科学研究院. GB50189–2015，公共建筑节能设计标准[S]. 北京：中国建筑工业出版社，2015，4.

[5] 德国能源署，住房和城乡建设部科技发展促进中心，住房和城乡建设部建筑节能中心. 中国建筑节能简明读本—对照德国经验的全景式概览[M]. 北京：中国建筑工业出版社，2009：22–23.

青岛世园会秸秆书吧设计与能效模拟

刘崇，Johann-Peter Scheck，王欣，刘金，谭令舸

我国是农业大国，年产农作物秸秆约在7亿～8亿t之间，而它在经济生活中的利用率还很低。许多地区的农民常常在收获季节焚烧秸秆，不仅污染环境，还造成了困扰当地的难点问题。2004年时任国务院副总理的温家宝同志在《西安周边大量焚烧玉米秆漫天浓烟威胁飞行安全》一文上批示："此事强调多年，仍未得到解决。看来，关键要给秸秆找个出路。"可以说，有效地利用秸秆资源是我国经济建设的一件大事。

在建筑领域，秸秆建筑的益处很多：利用秸秆可减少经济建设对资源的消耗和对环境的压力；秸秆还具备优秀的保温与隔热性能；它易于获取，价格低廉，在成长的过程之中还吸收大量的二氧化碳等。综合考虑"适应青岛夏季湿热气候"和"秸秆建筑示范"的设计要求，我们提出了一种"设计原型"（图1），它既能够作为城市中的小品出现，也能推广应用到山东半岛的农房建设中。

2014年，秸秆建筑提案得到了青岛世界园艺博览会主办方的支持，因此我们受委托为会场设计一座面积为100m^{2}左右的咖啡厅——秸秆书吧。建筑基地位于青岛世园会百果山景区南侧3号门以南、鲜花大道以西，毗邻紫荆花路和鲜花大道的交叉口，李村河流经基地西

图 1　青岛地区可持续农居原型

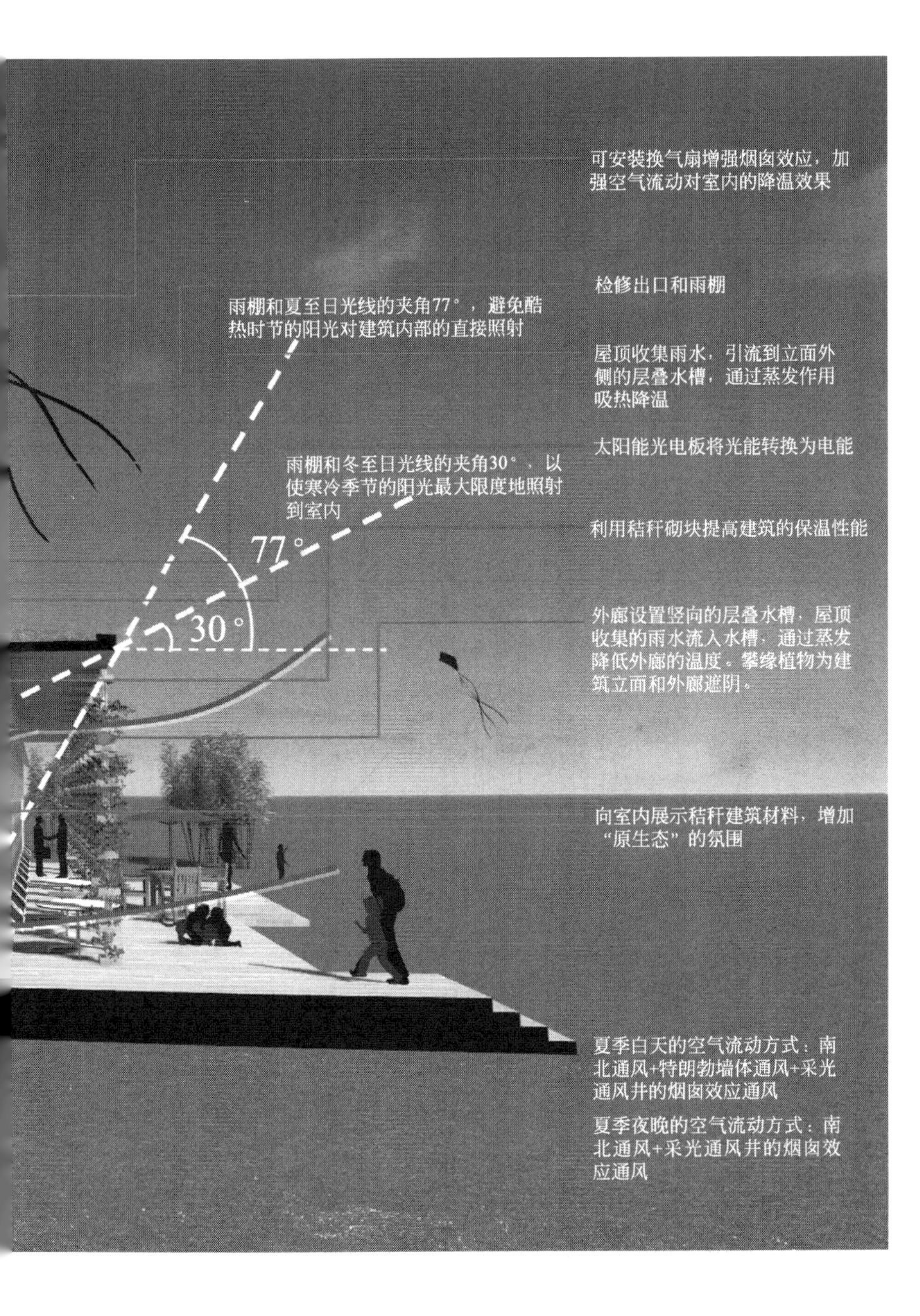
可安装换气扇增强烟囱效应，加强空气流动对室内的降温效果
检修出口和雨棚
雨棚和夏至日光线的夹角77°，避免酷热时节的阳光对建筑内部的直接照射
屋顶收集雨水，引流到立面外侧的层叠水槽，通过蒸发作用吸热降温
太阳能光电板将光能转换为电能
雨棚和冬至日光线的夹角30°，以使寒冷季节的阳光最大限度地照射到室内
利用秸秆砌块提高建筑的保温性能
77°
30°
外廊设置竖向的层叠水槽，屋顶收集的雨水流入水槽，通过蒸发降低外廊的温度。攀缘植物为建筑立面和外廊遮阴。
向室内展示秸秆建筑材料，增加“原生态”的氛围
夏季白天的空气流动方式：南北通风+特朗勃墙体通风+采光通风井的烟囱效应通风
夏季夜晚的空气流动方式：南北通风+采光通风井的烟囱效应通风

侧（图 2）。

我们决定采用特朗勃墙体、被动式遮阳、热压通风、屋顶种植等方式，在园艺博览会开放期间（2014 年 5 ~ 10 月）尽可能地减少空调的能耗。

1）特朗勃墙

“特朗勃墙”是一种依靠双层墙体的构造设计，它由法国太阳能实验室主任 Felix Trombe 教授及其合作者首先提出并实验成功的，故通称为特朗勃墙（Trombe Wall）。秸秆书吧的特朗勃墙外侧墙体为双玻中空节能

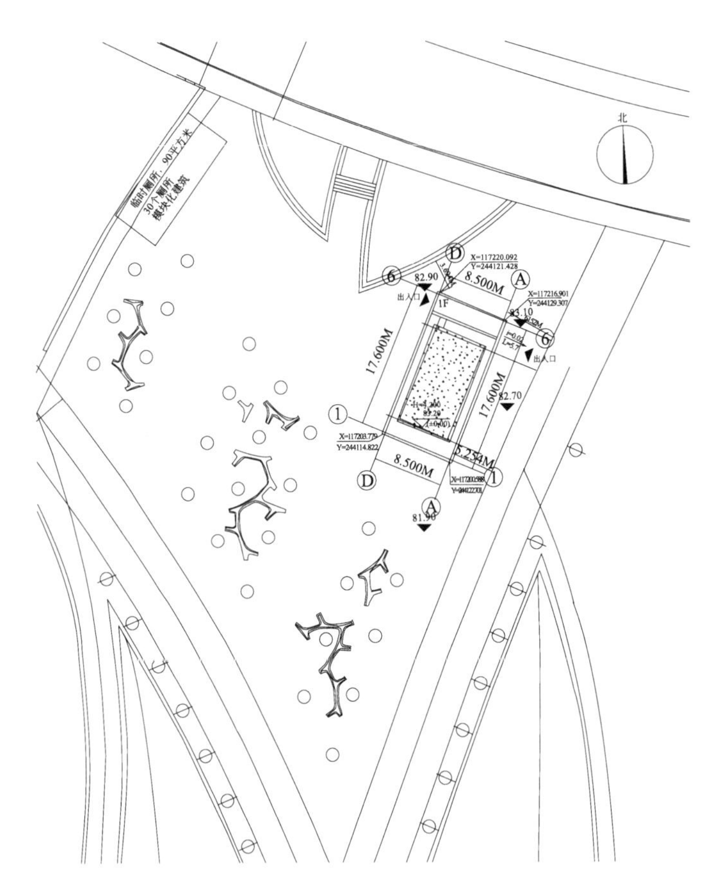

图 2　青岛世界园艺博览会“秸秆书吧”总平面图

窗，内侧为秸秆蓄热单元和单玻窗组合而成，两层墙体的上下方均在相对的位置设置通风口（图 3）。

墙体的蓄热性能由其体积比热和建筑构件的厚度决定。由于秸秆砌块本身的体积比热不高，国外的秸秆建筑实例常采用较厚的内外抹灰来加强秸秆墙体的蓄热能力。结合国内实际，我们设计了一种新型的“秸秆单元”构造，把秸秆砌块置入定向结构刨花板（OSB 板）制成的箱体中，借助 OSB 板较好的蓄热能力弥补秸秆砌块保温性能优良而蓄热能力相对不足的缺点。这种做法施工简便，可完全实现秸秆构件的预制。

在夏季的白天，外侧玻璃窗位于顶部和底部的通风口均开启，双层墙体间空腔内的空气受阳光的加热而上升并由顶部通风口溢出，室外的凉爽空气则由外侧玻璃

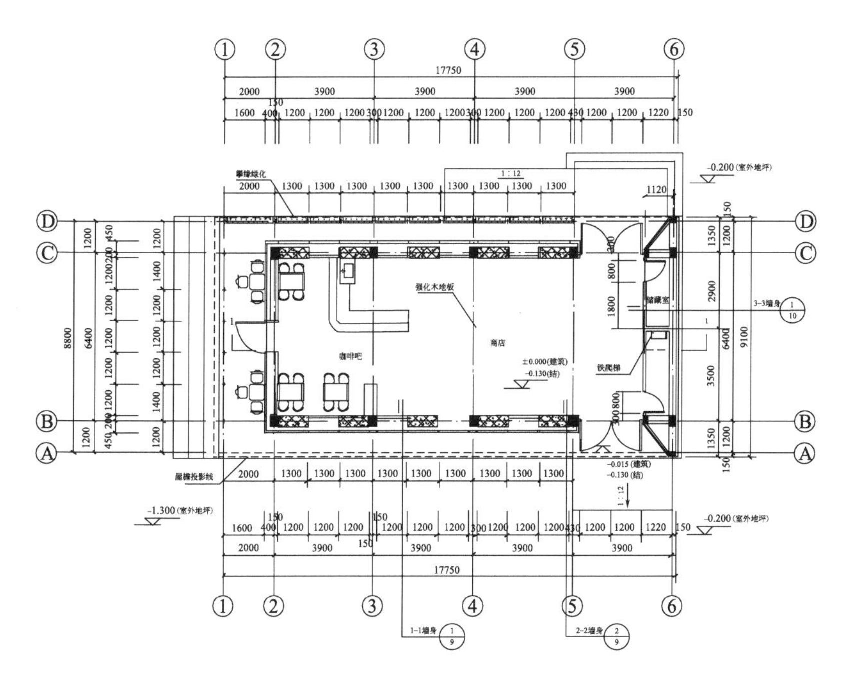

图 3　秸秆书吧一层平面图

窗底部通风口补充进来，空气间层内的空气不断流动，带走秸秆蓄热墙表面储存的太阳辐射热。夏天的夜里，秸秆蓄热墙向室内外辐射热量，逐步冷却。外侧玻璃墙体和内侧秸秆蓄热墙上下共四个通风口保持开启，室内的热空气从上面的两个通风口溢出室外，室外的冷空气则从下部的两个通风口补充到室内，形成对流，持续为室内降温（图 5 ~图 8）。

冬季白天，当阳光充足时，在内侧秸秆蓄热墙与外侧玻璃之间的空腔内空气被加热，热空气上升，通过内侧秸秆蓄热墙顶部的通风口进入室内，室内的冷空气通过内侧秸秆蓄热墙底部的通风口进入空腔，通过空气的对流实现对室内的供暖。冬天夜间，关闭内外侧墙体的上下通风口，内侧秸秆蓄热墙把在白天蓄积的热量辐射到室内，使室内的气温保持相对稳定。外侧玻璃内侧设

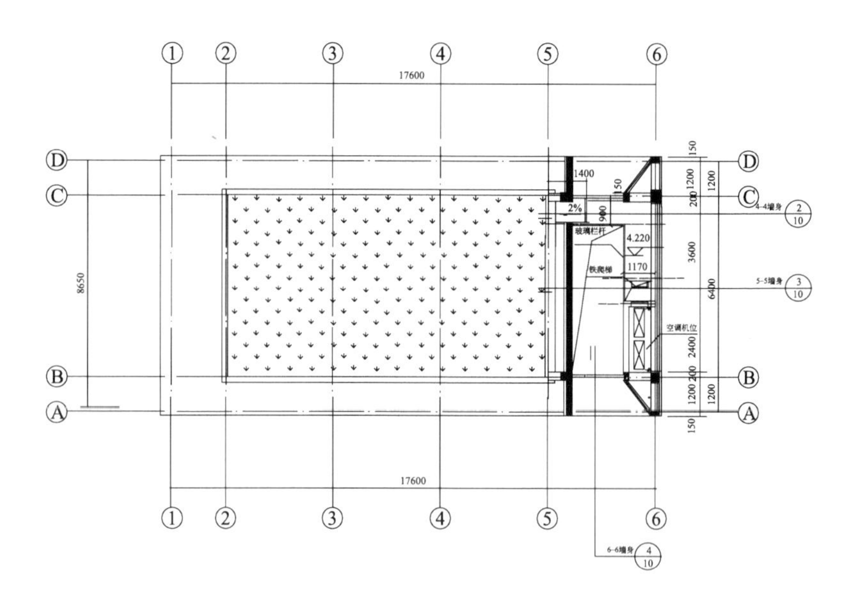

图 4　秸秆书吧夹层和屋顶平面图

图 5　建筑西北侧透视图

图 6　建筑东南侧透视图

图 7　建筑西南侧透视

图 8　带有定向刨花板箱体的室内透视

置窗帘，阻止室内向室外辐射热量。

2）屋顶种植、蒸发降温

咖啡厅屋顶平台的覆土绿植对室内空间可起到保温和隔热作用。在夏季，屋顶种植好处有三：第一，种植土可防止屋顶在阳光直射下迅速升温；第二，植物通过呼吸作用散发水分，能够吸收屋顶的部分热量；第三，植物叶片又是天然的遮阳构件，避免阳光对屋顶的直射。在冬季，土壤既能蓄热，又能起到保温的作用。

在立面处理上，设置从屋顶集水槽下垂到地面的缆绳，藤蔓植物攀缘缆绳而上，缆绳和植物既是装饰性元素，也具有调节温度的功能。屋顶收集的雨水通过缆绳内的毛细作用引流到地面，既能够给攀缘植物提供水分，又能够通过自身蒸发和攀缘植物的呼吸作用来吸收环境的热量，给建筑外廊空间降温。

3）水资源利用

青岛降水较为充沛，雨水收集再利用不仅是建筑节水的重要措施，还有助于建筑节能。咖啡厅的屋顶设置集水槽。在夏季，集水槽内的雨水通过蒸发吸热，起到为屋顶降温的作用。雨水还通过缆绳的毛细作用，被引流到建筑外侧的柱廊，与缆绳上面攀缘的植物共同吸收环境热量，降低建筑柱廊下空间的温度。

4）室内采光设计

秸秆小屋是集餐饮、售卖、储藏功能为一体的休闲咖啡厅，柱距为 3.9m，平面进深 6.4m、开间 15.6m。在设计中，玻璃幕墙作为建筑的主要外围护结构，通过自然光的直接引入形成愉悦的用餐氛围。同时，巧妙利用屋顶出檐、外廊遮阳的形式，夏季遮蔽过强的阳光直射。咖啡厅用餐区的采光系数平均值在 4% ~ 5% 之间，高于采光标准值，采光效果优越（图 9）。

通过模拟分析可知，咖啡厅夏至日中午 12:00 时临窗位置的餐桌 0.75m 桌面的照度平均值为 150lx，大厅中心的餐桌 0.75m 桌面的照度平均值为 80lx，光线柔和、舒适（图 10）。

5）被动式遮阳技术

综合考虑不同季节中建筑所获得太阳能的强度和角度，以及日照在一天中不同时刻的差别，可以帮助我们对建筑形体、朝向和立面开窗方式上进行优化。在秸秆书吧的设计里，我们采用合理的屋顶出挑和在特朗勃墙体双层表皮之间设置的百叶窗进行遮阳，以便能在炎热的夏季有效遮蔽日光，在寒冷的冬季使日光顺畅地进入室内。

咖啡厅门厅部分高于用餐空间，日光从门厅上方向南倾斜的玻璃窗引入，提高环境的光照水平和照明的均匀度，使客人从东、西两侧的入口进入这座小型的咖啡

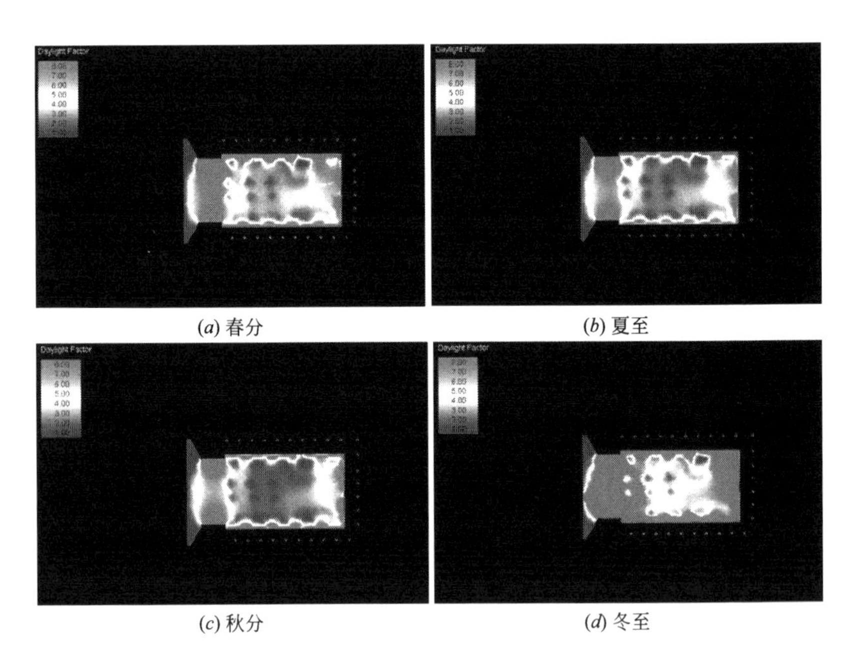

(*a*) 春分　(*b*) 夏至　(*c*) 秋分　(*d*) 冬至

图 9　秸秆书吧中午 12:00 时室内采光系数分析

图 10　夏至日建筑室内照度分析

厅后有敞亮、大气的空间感受，并有助于避免令人不适的眩光。

6）热工能耗分析

咖啡厅围护结构采用双层表皮，主要单元的尺度是1.3m×1.3m、1.3m×2.6m；外层玻璃幕墙作为建筑的主要保温屏障，计算 K 值为0.050W/（m^2·K）。东西向外立面分成若干宽度为1.3m的“通风单元”和“秸秆单元”。“通风单元”是能够上下开启的通风窗。通风窗为0.6m高、1.3m宽。上下开启的通风窗之间是2.6m高、1.3m宽的透明玻璃。“秸秆单元”3.6m高、1.3m宽。在中空玻璃的外层幕墙和单层玻璃的内侧幕墙内，安装1.3m×1.3m×3m的秸秆箱体。秸秆的箱体是两侧18mm的欧松板（定向刨花板），中间夹导热系数为0.045W/（m^2·K）的秸秆垛，秸秆复合墙体和其他部位的计算 K 值如表1～表5所示。

“秸秆单元”墙体传热系数　　表1

外墙1每层材料名称	厚度（mm）	导热系数W/（m·K）	蓄热系数W/（m^2·K）	热阻值（m^2·K）/W	热惰性指标 $D=R \cdot S$	修正系数 α
石膏板	15	0.330	5.14	0.045	0.23	1.00
定向结构刨花板（OSB）	15.0	0.130	3.56	0.115	0.41	1.00
垂直秸秆砖	300.0	0.045	0.83	6.670	5.54	1.00
定向结构刨花板（OSB）	15.0	0.130	3.56	0.115	0.41	1.00

续表

外墙1每层材料名称	厚度（mm）	导热系数W/（m·K）	蓄热系数W/（m^2·K）	热阻值（m^2·K）/W	热惰性指标$D=R·S$	修正系数α
水泥砂浆	5	0.930	11.37	0.005	0.06	1.00
外墙各层之和	350.0			6.95	6.65	
外墙热阻 $Ro=Ri+\sum R+Re=7.108$（m^2·K/W）				$Ri=0.115$（m^2·K/W）；$Re=0.043$（m^2·K/W）		
外墙传热系数 $Kp=1/Ro=0.141$W/（m^2·K）						

热桥柱类型传热系数　　表2

热桥柱1每层材料名称	厚度（mm）	导热系数W/（m·K）	蓄热系数W/（m^2·K）	热阻值（m^2·K）/W	热惰性指标$D=R·S$	修正系数α
胶粉聚苯颗粒浆料	30.0	0.075	1.17	0.308	0.47	1.30
钢筋混凝土	800.0	1.740	17.20	0.460	7.91	1.00
石灰水泥砂浆	20.0	0.870	10.75	0.023	0.25	1.00
热桥柱各层之和	850.0			0.79	8.62	
热桥柱热阻 $Ro=Ri+\sum R+Re=0.95$（m^2·K/W）			$Ri=0.115$（m^2·K/W）；$Re=0.043$（m^2·K/W）			
传热系数 $K_{B1}=1/Ro=1.05$W/（m^2·K）						

热桥梁类型传热系数 **表3**

热桥梁每层材料名称	厚度（mm）	导热系数 W/（m·K）	蓄热系数 W/（m^2·K）	热阻值（m^2·K）/W	热惰性指标 $D=R \cdot S$	修正系数 α
胶粉聚苯颗粒浆料	30.0	0.075	1.17	0.308	0.47	1.30
钢筋混凝土	400.0	1.740	17.20	0.230	3.95	1.00
石灰水泥砂浆	20.0	0.870	10.75	0.023	0.25	1.00
热桥各层之和	450.0			0.56	4.67	
热桥梁热阻 $Ro=Ri+\sum R+Re=$ 0.72（m^2·K/W）			Ri=0.115（m^2·K/W）；Re=0.043（m^2·K/W）			
传热系数 $K_{B2}=1/Ro$=1.39W/（m^2·K）						

热桥楼板类型传热系数 **表4**

热桥楼板1每层材料名称	厚度（mm）	导热系数 W/（m·K）	蓄热系数 W/（m^2·K）	热阻值（m^2·K）/W	热惰性指标 $D=R \cdot S$	修正系数 α
胶粉聚苯颗粒浆料	30.0	0.075	1.17	0.308	0.47	1.30
钢筋混凝土	150.0	1.740	17.20	0.086	1.48	1.00
石灰，水泥，砂，砂浆	20.0	0.870	10.57	0.023	0.24	1.00
热桥楼板各层之和	200.0			0.42	2.19	
热桥楼板热阻 $Ro=Ri+\sum R+Re$=0.57（m^2·K/W）				Ri=0.115（m^2·K/W）；Re=0.043（m^2·K/W）		
传热系数 $K_{B4}=1/Ro$=1.74W/（m^2·K）						

南向外墙传热系数判定　　表 5

计算单元外墙面积（不含窗）（m^2）	外墙各部位									
	主墙体		框架柱		框架梁		过梁		墙内楼板	
	F_P	62.61	F_{B1}	5.18	F_{B2}	2.39	F_{B3}	0.00	F_{B4}	3.82
各部位的传热系数 K［W/（m^2·K）］	K_P	0.14	K_{B1}	1.05	K_{B2}	1.39	K_{B3}	0.00	K_{B4}	1.74
	外墙平均系数（W/m^2·K） $\frac{K_p \cdot F_p + K_{B1} \cdot F_{B1} + K_{B2} \cdot F_{B2} + K_{B3} \cdot F_{B3} + K_{B4} \cdot F_{B4}}{F_p + F_{B1} + F_{B2} F_{B3} + F_{B4}} = 0.30$									
外墙满足《山东省公共建筑节能设计标准》3.2.1-1 条 $K \leqslant 0.5$ 的规定。										

建筑内层幕墙采用单层玻璃（6mm），面积为 184m^2，外层幕墙和内侧幕墙内的间隙，从地板到顶棚层叠安装 3 个 1.3m × 1.3m × 0.3m 的秸秆箱体。秸秆箱体由内层幕墙的边框五金件固定，以防止滑动。

运用 Ecotect 生态大师软件进行定量计算，咖啡厅年能耗指标为: 62.94kWh/（m^2·a）。由图 11 建筑被动组分得热图，可以看出：红色部分表示咖啡厅围护结构的热传导，占失热量的 49.6%，得热量的 1.9%，黄色与深黄色部分分别表示太阳直射辐射得热与综合温度产生的热量，分别占得热量的 20.9%、60.8%，这说明咖啡厅外墙与屋顶的保温性能比较优越。绿色部分表示空气渗透，占失热量的 4.9%，得热量的 1.6%，表明建筑门窗具有良好的气密性。由图 12 建筑逐月能耗图分析可知，建筑在 7、8、9 月几乎不需要空调制冷，通过被动式微气候调节，建筑室温可以保持在 20℃左右，人体舒适度较高。5 ~ 10 月世园会开放期间，咖啡厅用于制热的能耗为 1558.84kWh，占年制热能耗值的 7.95%，用于制冷的

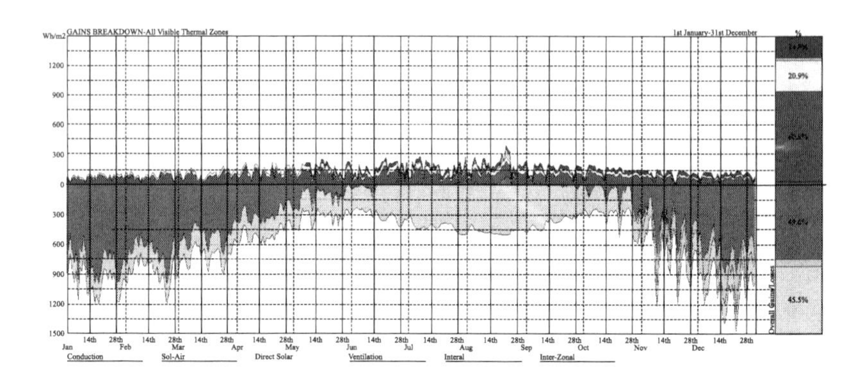

图 11　建筑被动组分得热（扫增值服务码可看彩图）

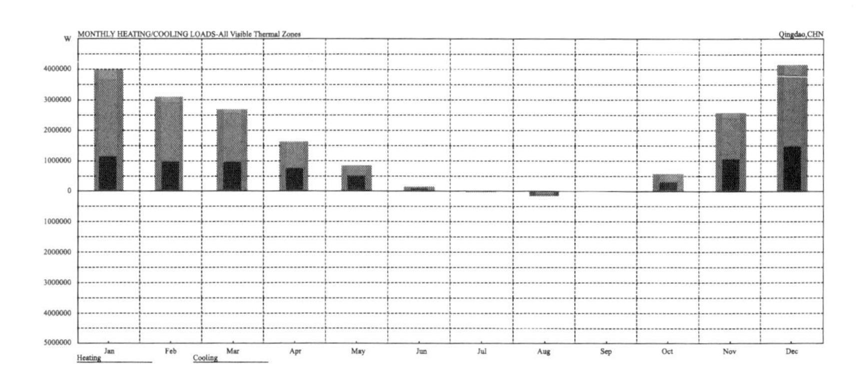

图 12　建筑逐月能耗分析（扫增值服务码可看彩图）

能耗为 241.39kWh，综合年能耗指标为 13.50kWh/(m^2·a)。

“绿水青山就是金山银山”，发挥秸秆建筑在热工性能和性价比上的优势，既可以利用大量的农作物秸秆，又能帮助我们更好地促进城乡建设的可持续发展。秸秆建筑技术在我国的研究和推广尚处于起步阶段。希望能通过这个秸秆小品建筑的设计和研究抛砖引玉，为秸秆建筑在山东半岛乃至我国寒冷地区的发展提供一些参考。

中法秸秆民居主动式建筑理念的解读

刘崇

摘　要：以法方布列塔尼高校和科研机构、厦门大学和山东大学共同完成的近零能耗秸秆民居为例，解读其在舒适性、能源消耗与供给和环境方面的“主动式建筑理念”，简析其在节能性与生态性方面的优势。

关键词：秸秆建筑，主动式建筑，舒适，能源，环境

1. 工程概况

国际太阳能建筑十项全能竞赛由美国能源部发起，2013年进入中国。竞赛要求每个参赛团队在20天内建造一所100～200m^{2}的功能完善、舒适、宜居、具有可持续性的太阳能住宅。在2018年的竞赛中，一座以纸面秸秆压缩板建造的作品非常引人关注，这就是由法国布列塔尼建筑学院、厦门大学和山东大学等单位合作建成的近零能耗秸秆示范建筑。这座以“自然之间”为主题的实验性建筑立意于适应福建的亚热带海洋性季风气候。福建省气温年较差一般在14～22℃之间。气温日较差一般在8～10℃之间，冬季较温和，夏季较凉爽。建筑选址在厦门城中村中和老宅相邻的一处基地，设计既要满足现代家庭对生活空间的需要，又要兼顾当地的建筑形式和文化传统。建成作品采用新型轻木结构、坡屋顶形式，建筑高度7.72m，建筑面积182.5m^2。在所有

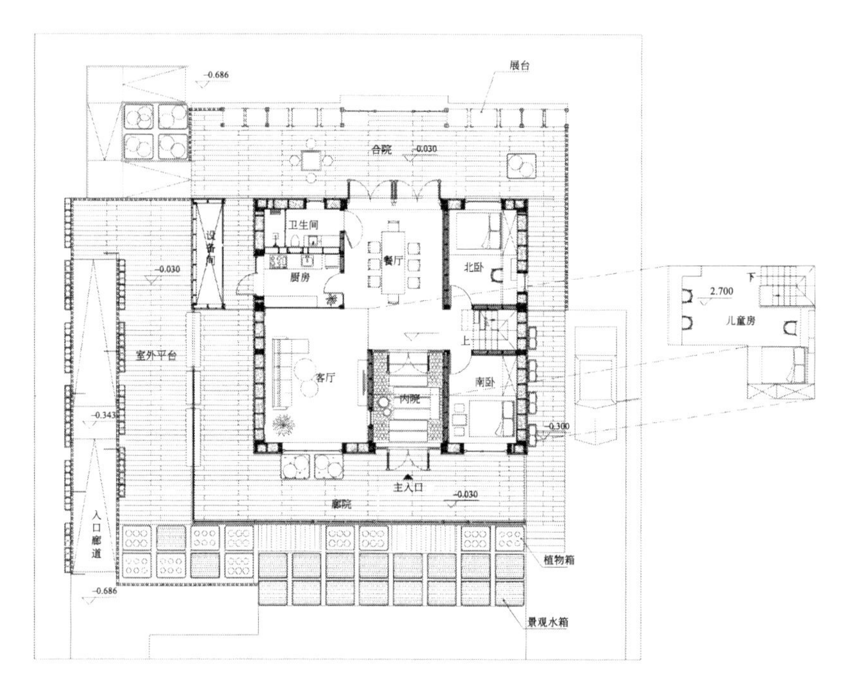

图 1　秸秆建筑“自然之间”的平面图

参赛团队的 20 个作品中，“自然之间”获得了综合奖第三名，并获得 10 个单项中“居家生活 ”项的第一名和“电动通勤”项的并列第一（图 1）。

根据 Active House 国际建筑联盟的定义，“主动式建筑是指在建筑的设计、施工、使用的全寿命周期内，在关注能源和保护环境的前提下，以建筑的健康性和舒适性为核心，以实现人的良好生活（well-being）为目标的一种建筑理念”。“自然之间”这一作品虽没有被设计团队定义为“主动式建筑”，但完整地体现了国际主动式建筑联盟所提倡的可持续性的建筑设计原则和方法。

2. “主动式建筑”理念分析

（1）外廊

外廊的活动格栅在兼顾住宅隐私性的同时，使用户对光线的主动调控成为可能。夏季，活动格栅阻隔了一部分光照，帮助主人主动调节外廊的温度，并且避免室内过热。秋冬，外廊的活动窗扇可以完全打开，让室内引入更多的自然光线和太阳的辐射热、减少取暖能耗。同时，廊下空间是起居室的自然延伸，格栅还可以形成丰富的光影效果（图 2、图 3）。

（2）门厅

门厅为两层通高，设置两道双玻保温门，两道门之间闭合而成的过道布置绿植。上方的天窗既能够通过拔风效应促进夏季的室内通风，又提高了入口空间的照度，给建筑增添了亲切感。冬季门厅封闭，有助于保温和防风。

图 2　建筑的外廊、门厅和餐厅

图 3　建筑外景

（3）餐厅

餐厅的南北两面都可以采光，自然通风条件良好。在厨房中忙碌的父母可方便地照看在餐桌上学习的小孩，小孩既能够得到充足的自然光线，又能够方便到屋前或屋后的廊下玩耍。

（4）起居室

在炎热的夏季，南侧外廊的屋顶可以阻止过多的直射光进入室内；其他季节当太阳照射角度较低时，温暖的阳光又可以照射到起居室的深处，实现被动取暖。在坡屋顶下的起居室采用色彩素雅的原色细木工板和杉木锯材做外墙装修。在起居室既能欣赏南侧外廊和庭院的景致，也能看到餐厅和北侧的庭院。北侧屋顶的高侧窗开启时，“烟囱效应”可有效地促进建筑的自然通风，降低使用者的体感温度，减少空调的使用（图 4）。

（5）卧室和儿童房

一楼的南侧卧室可接受较低角度的直射光；北侧卧室可接受北侧和西侧两个方向的自然光。二楼的空间为开敞式的儿童房，主要通过北侧的电动高窗采光。儿童房南侧与门厅上空相连的低侧窗既可以加强南北通风，又能够让孩子透过一楼的门厅看到室外，增加了空间的情趣。儿童房和二层通高的起居室之间通过带有防护玻璃的栏杆相隔，方便父母在一楼时照看在儿童房游戏的小孩。在儿童房里不能够直接看到北侧室外的景象，是设计中略为遗憾的地方（图4、图5）。

（6）围护结构材料

建筑围护结构采用轻木结构骨架和纸面秸秆压缩板组合而成的外墙和屋顶模块（图6、图7）。密度为366kg/m^{3}的秸秆压缩板出厂厚度为58mm，导热系数约为0.105W/（m·K），表面热惰性系数为1.95W/（m·K），围护结构的热稳定性十分优越。

图4　起居室、卧室和儿童房

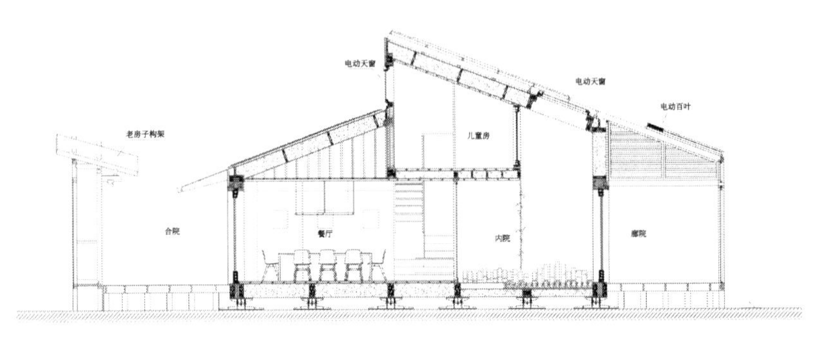

图 5　建筑剖面图

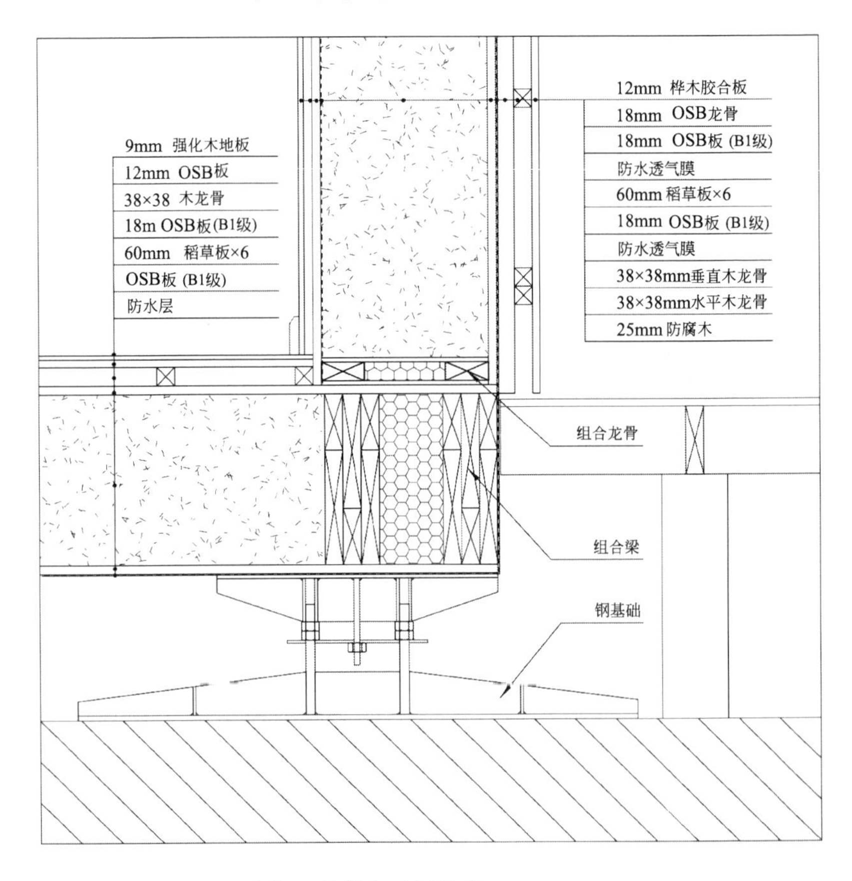

图 6　墙体与地板构造

（资料来源：中法 JIA+ 团队）

（7）建筑的产能

屋顶南坡铺设的大面积太阳能光电板为室内的取暖和制冷提供能源，为加热室内的卫生间用水、厨房用水和洗衣机提供电力，使得“零能耗”变得现实而可控（图 8）。

中法零能耗住宅“自然之间”是我国以秸秆压缩板为主要材料建成的第一座超低能耗住宅，它为我国城乡建设领域利用取之不竭的农作物秸秆资源提供了一个既实用又生态的选项。

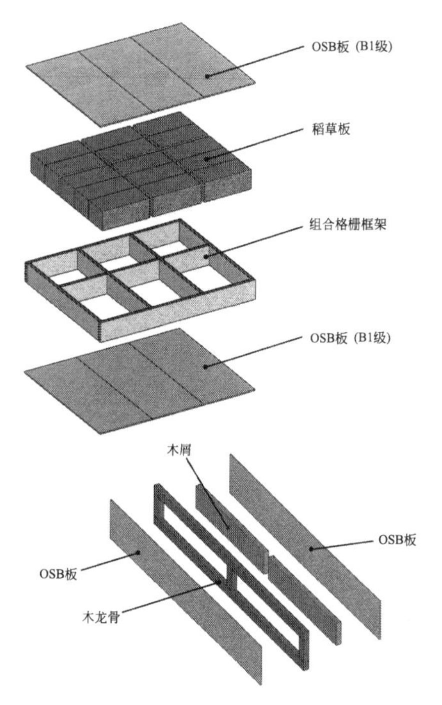

图 7　轻木结构和秸秆压缩板组合外墙构造

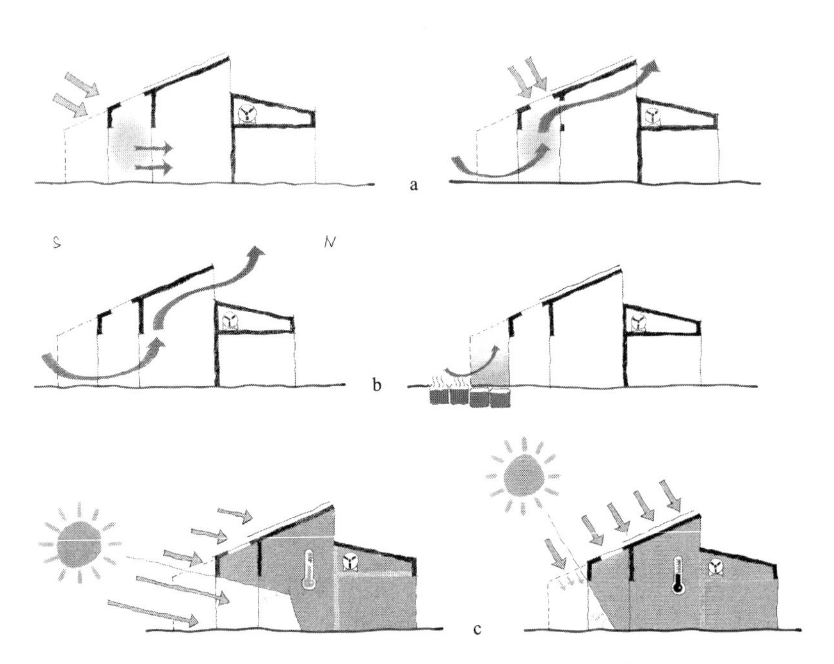

图 8　a. 门厅对室温的调节 b. 通风与降温 c. 冬夏日照分析

（资料来源：中法 JIA+ 团队，昝池改绘）

教学实录

“四国六校”实验性绿色建筑工作坊①

刘崇，Werner Bäuerle，董彬彬，王梦滢，李坤宁

摘　要：在建筑设计课程教学中的木构秸秆设计环节，通过把翻转课堂嫁接到国际联合教学之中，试图解决教学资源和师资不足的问题。教学实验表明，结合翻转课堂的工作坊不仅有利于国际教学资源的共享，还有利于提高教师课堂教学的效率和学生的主观能动性，有效改进课程体系中的缺陷和不足。

关键词：翻转课堂，国际工作坊，木构，教学资源，师资

1. 引言

翻转课堂起源于美国科罗拉多州的林地公园高中，该校化学教师乔纳森·伯尔曼和亚伦·萨姆斯让学生在家中或课外观看教师制作的教学视频，把课堂的时间节省出来进行面对面的讨论和作业的辅导，并对学习中遇到困难的学生进行讲解。随着可汗学院在全世界产生巨大影响[1]，翻转课堂在我国的教育领域也越来越受到关注。

近年来，我国停滞许久的现代木结构建筑开始复苏，而由于历史原因，建筑院系相关的师资严重不足，学生对其结构、构造知识了解甚少。相关的实验室建设

---

① 初稿载《2016全国建筑教育学术研讨会论文集》，本文有增补。

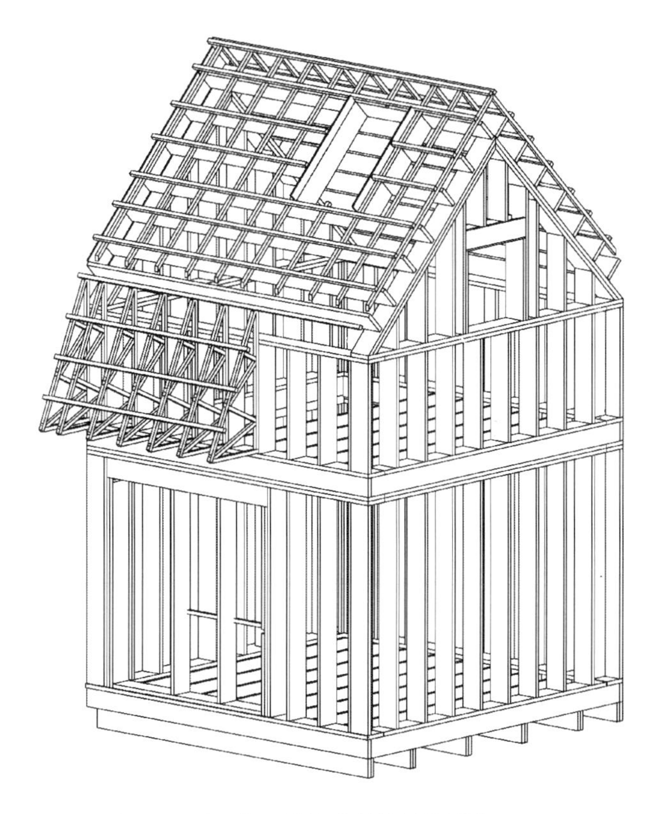

图 1　四国六校工作坊进行的结构研究

基本处于对国外高校实验室的模仿阶段。若能引入国外优质的教育资源，结合我国的现状，使学生既能学到理论知识，又能在实际操作中吸收内化，会让学生对木构秸秆设计有更深层次的理解[2][3]。而嫁接了国际联合工作坊的翻转课堂，恰好是学习国外先进经验、提高我国木构秸秆设计教学的有效途径。

2. 国际木构工作坊和翻转课堂的“嫁接”

青岛理工大学联合德国凯泽斯劳滕应用技术大学、日本东京理科大学、东京大学、韩国光云大学和兄弟院校烟台大学共同举办“2015 青岛理工大学四国六校木构秸秆工作坊”，目的是以建筑结构、建筑构造和建筑物理等技术视角为切入点，研究现代木构秸秆设计与建筑能效之间的联系，引发木构秸秆是否适宜于山东沿海地区气候条件的思考（图 1）。

此次联合教学特邀在德国、日本和韩国现代木构研究领域享有较高知名度的高校参加，意在创造各国老师展示学术观点的平台，让国内的老师和学生们“与大师对话”，博采众家之长，在有限的时间内获取更多的知识。此次联合教学的过程可大体分为“准备环节”、“设计环节”和“答辩环节”三个组成部分。

1）准备环节

（1）任务书

老师们经过研究讨论确定了任务书：在此次工作坊中，每个小组需独立设计一套位于青岛理工大学建筑学院入口旁边，使用面积 9m^2，建筑高度不超过 4.5m，层数不限的被动式技术校园实验室，并制作比例为 1∶5 的建筑模型，模型需体现建筑的承重和围护结构以及部分细部设计。现代木构有着多种构造方式，为了方便模型的制作和让设计成果更具有可比性，规定建筑结构统一采用截面以 40mm × 90mm 为模数的木材、密度为 366kg/m^3 的压缩秸秆板。后者出厂厚度为 58mm，导热系数约为 0.105W/（m · K）。为了加强不同高校学生之间的交流和互动，将每所学校的学生平均分到各个小组中进行合作，使每组的学生均来自于不同的高校。

（2）课件学习

为了精炼教学内容，让学生在最短的时间内对木构和秸秆建筑设计的理论知识有所了解，教师们针对设计任务精心布置了视频材料和电子版讲义：德国凯泽斯劳滕应用技术大学的 Bäuerle 教授负责的内容是“德国和瑞士现代木构的结构形式”，日本东京理科大学岩冈龙夫教授提供了“日本高校的实验性建筑施工实录”的视频和课件，青岛理工大学刘崇教授负责“气候与秸秆建筑设计”与“北美轻型木结构建筑施工方法”专题。

（3）答疑讨论

学生们集体观看视频和课件后是教师答疑和讨论互动环节。海外的木构精品和教师们的工程经验激发了学生们浓厚的兴趣；而通过面对面交流，教师们找到了学生真正需要解答的问题，进而进行有针对性的辅导和知识扩充。答疑过后，学生们还将视频等资料拷贝下来反复观看，与小组内成员一起讨论学习，或利用互联网和图书馆进一步了解知识要点，为接下来的联合设计做好准备。

一般而言，翻转课堂的难点之一在于如何确定学生在进行教室教学环节前一定已经看过相应的课程内容[4]，而这通过工作坊的“集体组织观看”和“小组课下活动”的做法一般得到很好的解决。这样在工作坊的设计环节开始之前，教师们就利用最短的时间给学生们“灌输”了在常规课堂中用几周时间才能传授的理论知识，并且知道学生们在学习理论的过程中在想什么，遇到什么问题，根据他们的反应进行指导或相应的调整（图2、图3）。

2）设计环节

设计环节是四国六校“翻转课堂”的核心，是老师与学生、学生与学生和老师与老师之间的密切交流和互动的过程，通过其“异质性”、“建构性”和“交融性”达到针对不同水平的学生因材施教的目的，“填补后进者的不足、提升优秀者的能力”。[4]

（1）异质性

经过对建筑基地的实地踏勘，学生开始进行方案的构思。在方案设计过程中，教师对小组进行个性化的指导和“迷你”型讲授。老师们在指导过程中常有意见不

图 2　工作坊选用烟台金田科技赞助的秸秆压缩板

图 3　日本、中国和德国老师和学生们进行讨论
（发言者为慕尼黑工大 Herbert　Kallmayer 教授）

一致的情况，而正是在观点的碰撞中，学生们领会到不同老师对待材料、构造与建筑空间的思路，从老师们的草图中得到针对自己所遇问题的启发（图 4）。

每个学生的知识、水平都不尽相同，产生的问题通过民主讨论、画图和做模型的方式一般都能得到解决。中国、韩国的学生的方案常从建筑的主题和体验出发，希望预先确定某种外部和内部空间的形态；德国和日本的学生的方案则多从材料和场所的尺度着手，从设计之初就结合结构和构造形式来构思建筑形象。中韩学生在手绘和电脑三维制图方面无疑具有明显优势；而德国和日本学生在木构设计方面已有相当的知识积累和实际操作经验，图面表达简洁，技术思路清晰。到了深化构思和 1：5 比例的木构模型制作阶段，多数小组就由德国学生主导了。

（2）建构性

对材料的实际操作是认识和理解木构秸秆设计的最直接、最有效的手段。在大比例结构模型制作阶段，学生们充分体会到材料的重量、刚度和尺寸，直接对材料进行测量、切割和建造，发现了在图纸构思过程中不可能遇到的种种问题。这时，学生们会重新审视“翻转课堂”准备环节所学的建筑结构、建筑构造和建筑物理知识，体会到通过“图解思考”和“真材建造”的反复磨合才是问题的解决之道。

在建造过程中，学生们不仅强化了理论知识的记忆，也体验到原来“看不见、摸不着”的原理一步一步地成为自己作品的一部分。小组成员就像一起玩“乐高”积木游戏的小伙伴，在动手实践中完善自己独特的造型语言。作品体现出的尺度和空间让他们对材质和细部有了更为丰富的体验，并不断得到成就感。

在工作坊的一周时间内，设计小组的学生自己规划如何完成设计作品，教师每天针对每组的设计方案都提出意见和建议，但并不对设计过程中的进度做具体的要求。学生们自己主导绘图和模型制作的节奏，一直保持着高度的积极性和责任感。

（3）交融性

方案设计的间隙，师生们还举办了一场音乐联欢和一场足球友谊赛，来自四个国家的50余名学生们在轻松、愉快的气氛中互相了解、加深友谊。事实证明，文体活动对加强设计小组的凝聚力、增进师生感情、提高学生们做设计的热情是非常有好处的。

学生们互相学习、日夜协作完成同一个方案；学院模型室的师傅和专业教师们一起做现场的指导和示范。在方案绘制和模型制作过程中，中国和韩国的学生学到了德国、日本学生所擅长的木结构知识，而他们又用所

图4　Bäuerle教授针对学生们的结构问题进行指导

熟悉的制图和渲染软件加强了图纸的表现力。原来各国老师们担心的语言障碍其实也不再是问题，学生用英语、画图、比画和模型完全能无障碍地沟通，他们在得到木构与秸秆设计和建造经验的同时，也得到了跨国文化交流的体验（图 5 ）。

3）答辩环节

工作坊的最后环节是方案的汇报和答辩。10 个小组的展板和巨大模型吸引了学院内外大量的学生前来参

图 5　学生们在跨国文化的氛围中体验设计与建造

观，建筑馆 3 楼中庭熙熙攘攘，充满了赶集般的热闹景象。每个小组的方案汇报都由 2 ~ 3 个来自不同国家的学生完成，其他学生客串英语、韩语和日语翻译，气氛轻松而活跃。评委会对每组作品进行提问和点评，指出优点和不足。为了评选结果的公平与公正，评委对作品进行了匿名投票，根据票数的多少决定方案的名次。通过答辩环节，学生们不仅能从老师那里获得对自己作品的评价和建议，还可以从其他小组的方案汇报中学到知识、受到启发（图 6、图 7）。

3. 后续设计

在这次联合教学结束后的暑假期间，青岛理工大学刘崇工作室团队在加拿大木业协会和威卢克斯（中国）有限公司的协助下，完成了“被动式技术校园实验室”的方案和施工图设计工作（图 8）。“四国六校”活动中

图 6　四个国家的老师共同点评学生的作品

图 7　答辩展评现场气氛热烈

研讨的木构秸秆建筑知识在科研和创新工作中发挥出重要的作用。

该建筑的主要节能、低碳特点在于：

首先，主要的建筑材料可回收并循环利用。建筑立面由外刷木蜡油的实木木板构成，使用 89mm 宽度的规格材；建筑保温主要采用标准厚度度为 6cm，密度为 300kg/m^3 的秸秆压缩保温板。

第二，采用适应青岛气候特点的通风措施。阁楼处安装尺寸为 800mm × 800mm、向外侧下旋开启的威卢克斯屋顶窗，在夏季气温、湿度都很高时，通过一楼和阁楼的开窗通风来提高人体体表的舒适度。

第三，采取主动调节室内得热能力的措施。西侧窗口和南侧门窗设有可人工调节的遮阳板。在阳光和煦的秋冬，通过西侧窗使室内吸收到更多的热量；在阳光灼热的夏季，可人工关闭所有遮阳板，避免直接日晒使室

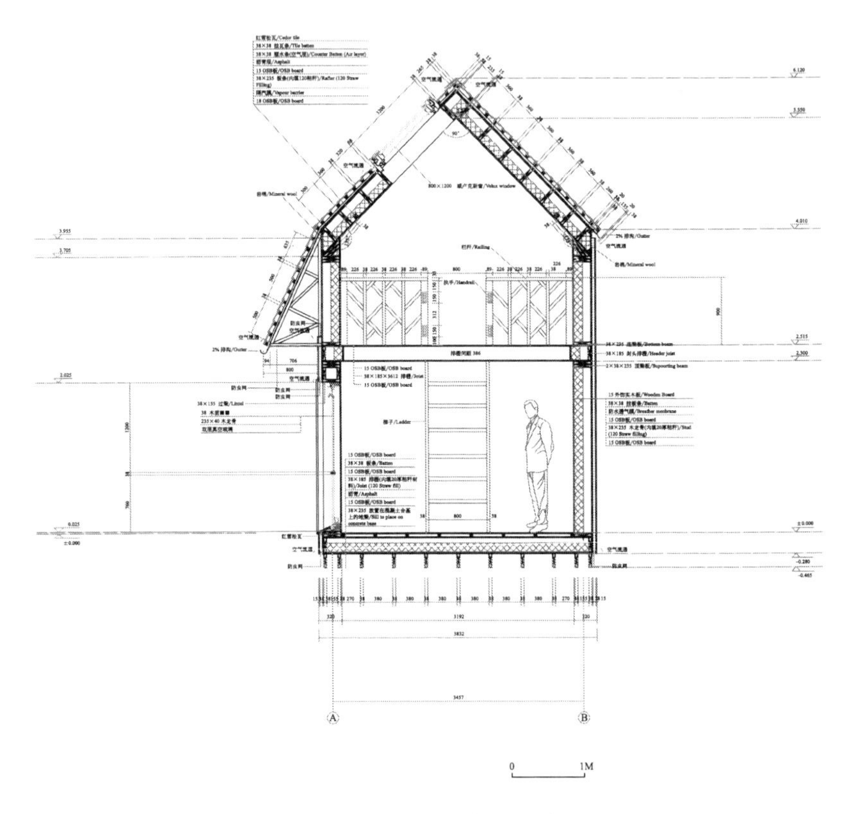

图 8　被动式技术校园实验室剖面研究

内过热（图 9）。

4. 启示

在把翻转课堂和国际联合木构秸秆设计教学嫁接起来，是一个尝试的过程，过程中的经历和体验带给了我们有益的启示。

首先说翻转课堂的课件。做教学的老师们知道，随着 Coursera、esX、Udacity 和中国国家精品在线课程等网络课程资源的迅速壮大，教师如果在课件制作上经费或时间不足，课件在美工和音效方面往往难以激发学生们的兴趣。[4] 而国际联合教学可以给学生们带来新鲜的资料，这些资料在内容和形式上又带着各个国家、各位老师不同的特点，这就有助于使学生在理论学习中保持兴趣、不感到枯燥。同时，参加工作坊的各国、各校老师又能交换资料、互通有无，乃至日后形成教学联盟，非常有利于课程教学质量的提高。

再说师资。对于现代木构、生土和秸秆建筑设计等

图 9　被动式技术校园实验室透视图

类型的课程，我国多数高校的师资与国际水平相比有着不小的差距。虽然这次工作坊有十余人的国际教师团队，但是要让几乎没有相关知识积累的中方学生在一周内提交满意的设计作品，压力依然很大。我们的做法是把不同水平、不同国家的同学放在一个设计小组中进行合作，让知识更全面、动手能力更强的同学“先进带动后进”。这样既能让学生普遍掌握基本知识点，又能提高老师们课上集中指导的效率。在这次工作坊中，一部分同学实际上承担着“传帮带”的作用，而这种作用又是在同龄人“同舟共济”的协作氛围内完成的。可以说，优秀的学生应成为翻转课堂师资的重要补充。

在未来的建筑设计课程中，采用传统型的上课模式还是利用翻转课堂，是各院系结合自身实际的选择。和国内一样，国外高校也正在通过大力提升国际化水平来加强自身竞争力和学术影响，如何利用这个大趋势来强化我国建筑学的专业课教学，调动国际上的教学资源和师资弥补我们自身课程体系中的缺陷和不足，更好地激发出学生们的主观能动性，值得我们进一步研讨和思考。

参考文献

［1］萨尔曼·可汗（Salman Khan）. 翻转课堂的可汗学院：互联时代的教育革命［M］. 刘婧（译）. 第1版. 杭州：浙江人民出版社，2014，5:I–XII.

［2］吴健梅，徐洪澎，张伶伶．中德建筑教育开放模式比较［J］. 建筑学报，2008（10）：85–87.

［3］张路峰．中德建筑教育的不完全比较［J］. 世界建筑，2006（10）：33–36.

［4］陈江，汪滢. 迫在眉睫的竞争——谈 MOOC 对高校教学的影响［J］. 工业信息化教育，2014（9）：58–64.

后　记

在我国，秸秆和生土建造技术正在受到关注，并逐渐成为实现“现代的本土建筑”的一种途径。传统材料的创新为人们提供了既保护环境、又亲近自然的可能；发挥其低造价、就地取材和冬暖夏凉的性能，对改变当前日渐趋同的城乡面貌具有深远意义。

本书面向对建筑设计、建筑结构工程与材料工程领域有兴趣的读者，着眼于探讨“建筑师怎样应用生土与秸秆”这一课题。书中内容是笔者团队近年来在国家自然科学基金和山东省住建厅、青岛市建委和青岛理工大学的支持下进行专项研究的一些心得。本书的前两个部分针对生土与秸秆建筑的建造技术和节能性展开讨论；第三部分介绍了通过国际合作提升教学和研究水平的尝试。

为获得一手经验，笔者参与建造了德国卡塞尔大学 Gernot Minke 教授主持的秸秆建筑项目，并得到慕尼黑工业大学 Herbert Kallmayer 教授、雷根斯堡应用技术大学 Johann-Peter Scheck 教授和凯泽斯劳滕应用技术大学 Werner Bäuerle 教授和日本东京理科大学岩冈龙夫等国际友人的诸多帮助。

如希望得到书黑白照片与图表的彩色版本，请关注笔者的公众号“中德工作室的影像志”。由于经验所限，书中纰漏在所难免，请读者提出宝贵的意见。

谨以此书纪念包豪斯学校成立 100 周年。

刘崇
青岛理工大学教授
德国魏玛包豪斯大学博士（Dr.–Ing）
2019 年 7 月